努力工作是一种学习，是一种精神，是一面旗帜、是

提高、更是一种积极向上的激情

努力工作，不是亏待自己，而是在磨炼

努力工作不吃亏

不吃亏为聪明，愿吃亏是智慧；聪明保全眼前，智慧着重长远；聪明靠耳眼，耳聪目明，智慧由心灵，慧由心生；聪明人嘴忙是茶壶，智慧者耳忙是茶杯，茶壶之水终入杯；聪明是能力，智慧是境界；聪明得于遗传，智慧缘于修炼。

聪明十中有一　智慧千里无双

NuliGong zuo Buchikui

武　林　向亚洲◎编著

努力工作的报酬几乎总是幸福！

中国言实出版社

图书在版编目(CIP)数据

努力工作不吃亏/武林,向亚洲编著.
—北京:中国言实出版社,2012.1
ISBN 978-7-80250-677-0

Ⅰ.①努…
Ⅱ.①武…②向…
Ⅲ.①成功心理—通俗读物
Ⅳ.①B848.4-49

中国版本图书馆 CIP 数据核字(2011)第 235984 号

出版发行 中国言实出版社
地　址:北京市朝阳区北苑路 180 号加利大厦 5 号楼 105 室
邮　编:100101
电　话:64924716(发行部)　64924735(邮　购)
64924880(总编室)　64914138(四编部)
网　址:www.zgyscbs.cn
E-mail:zgyscbs@263.net

经　销 新华书店
印　刷 北京毅峰迅捷印刷有限公司
版　次 2013 年 2 月第 1 版　2013 年 2 月第 1 次印刷
规　格 710 毫米×1000 毫米　1/16　14 印张
字　数 175 千字
定　价 32.00 元　ISBN 978-7-80250-677-0/B·262

前言

美国石油大王约翰·洛克菲勒曾说过："工作是一个施展自己才能的舞台。我们寒窗苦读来的知识，我们的应变力，我们的决断力，我们的适应力以及我们的协调力都将在这样一个舞台上得到展示。除了工作，没有哪项活动能提供如此高度的充实自我、表达自我的机会、以及如此强的个人使命感和一种活着的理由。"洛克菲勒可算是一个把工作看得通透精准的人。

现代社会，没有任何一项人类活动为工作这样将个人的付出与获取、劳作与生存、为人与为己结合得紧密的了。甚至可以说，工作已成为我们人生的最主要活动，没有工作，就不可能有快乐丰富的人生。从来没有哪项活动能像工作一样让我们感到如此充实、满足、津津有味和卓有成就。工作是我们展示才华的舞台，如果没有工作，我们有再多的知识、能力和技巧，也无从证明，无从展示，无从让我们表现出来；工作也是我们赖以生存的基础，如果没有工作，我们就无从获取收入，无法生存。工作中所取得每一点成就、每一个收获，都是激发我们内心的力量、保持我们生活的热情和活力的源头；工作还是我们体验不同人生、积累不同经验、使我们一天天成熟、一天天成功的重要路径。我们在工作中成长，在工作中成熟，在工作中积累经验、磨砺人品、增长资历、提升能力、搭建人脉、成就事业，这些，都是工作给予我们的最好的回报。我们工作越努力，得到的回报也会越多，我们的人生就会越丰富越有意义。

但是生活中并不是每一个人都能认识到这一点，都在各自的工作岗位上努力！很多人只是在岗位上混日子而已，他们从来没有想过努力两个字，他们工作马虎，懒散消极，总觉得天底下只有自己最辛苦最委屈：工作压力大、工资报酬低、晋升没有机会、加薪没有希望、自己没有出路……

自己在这个岗位上就已经很委屈了，很吃亏了，还谈什么努力？自己越努力不是越吃亏么？所以，他们得过且过，宁愿失业也不愿意好好去努力。这样的人，其实是真的没有看懂工作的精义。其实有很多东西，表面上看起来像是“吃了亏”的事情，其实长远地看，一定是“赚”。

比如，当你比别人更努力地工作的时候，也许这一个月你的收入和报酬并没有什么变化，你与没有努力的人相比也没有太大的区别，但其实，在你努力的同时，你已经超越了别人。你学到了比别人更多的知识，掌握了比别人更多的技能，积累了比别人更多的经验，而这些，正是你日后超越别人的资本。也许一个月两个月并没有太大的区别，但一年两年之后呢？你和别人的境遇很可能已经判若云泥——你很可能已经成就自己的一番事业，而不知道努力的人依然还在原地踏步混日子。这就是为什么一同工作的人在五年八年后会有天上地下区别的重要原因。

努力工作才对得起生活，一分努力就有一分收获，一分付出就有一分回报。努力工作，会让我们得到丰厚的回报，享受到工作的乐趣，拥有丰富而精彩的人生，不论从哪方面而言，我们努力工作都不会吃亏。

聪明的员工，要将努力时时放在心上，放在手上，放在行动上。不管做什么样的工作，在什么样的岗位，都兢兢业业、踏实努力地去工作，以期成就自己的卓越人生。

目 录

Contents

第一章 工作不是为别人干的，努力怎么会吃亏

可以百分之百肯定地说工作从来就不是仅为别人做的，工作就是为了自己……

1. 努力工作到底为了谁 /2
2. 工作是人生的需要 /5
3. 工作究竟带给我们什么 /9
4. 努力工作，才能不为找工作而烦恼 /12
5. 工作努力绝不会真吃亏 /15
6. 工作不努力才会真吃大亏 /23

第二章 努力工作回报多，不吃亏

工作越努力，回报越丰厚。这不仅是职场的至理，也是人生的箴言。

1. 只要努力，工作收入就不会低 /30
2. 你的收入其实由你自己决定 /34
3. 天道酬勤，勤奋工作何愁收入不高 /38
4. 努力工作，有了前途就有了“钱途” /44
5. 抢抓时机，时间就是金钱 /49
6. 讲求效率，忙到点子上才有高收入 /54

7. 业绩第一，业绩好收入自然会高 /59

第三章　努力工作机会更多，不吃亏

机会不在等待中，更不在消极中，而是在努力工作的同时去发现并把握它。

1. 机会不在别处，只要努力就有 /68
2. 只说不做，机会就会溜走 /75
3. 努力提升自己，真才实学才有更多机会 /83
4. 大胆尝试，在不断进取中争取机会 /89
5. 直面问题，解决问题就能赢得机会 /95
6. 别怕加班，机会就在你多干的这一会儿里 /103

第四章　努力工作积累经验，不吃亏

经验是职场最大的资本，努力工作就是积累经验最好的方法。

1. 经验就在努力中不断积累 /108
2. 经验是职场最重要的资本 /113
3. 在工作中学习，在学习中进步 /118
4. 努力工作，让自己成为行业专家 /124
5. 刻苦努力就能出类拔萃 /130

第五章　努力工作打造完美工作态度，不吃亏

人们常说，没有平凡的工作，只有平庸的工作态度。因为态度决定一切。再平凡的工作只要有完美的工作态度，也能把工作做到优秀和卓越。所以，工作可以平

凡，态度不能平庸。而努力工作的过程，正是我们打造完美工作态度的过程。一旦我们拥有这种完美的态度，我们的人生将会从此不同。那么，努力工作，就算只是为了打造自己的完美态度，也绝不会吃亏。

1. 态度决定一切 /136
2. 主动，让自己脱颖而出 /139
3. 认真，把每一件事都做到完美 /145
4. 热情，铸就工作的灵魂 /154
5. 细心，不放过每一个细节 /167
6. 全力以赴，向着最好和最完美进发 /174
7. 不找任何借口，提升自己的执行能力 /181

第六章 努力工作实现人生价值，不吃亏

努力工作不仅能享受到工作的回报，感受到工作的乐趣，更主要的是，可以让我们实现自我的价值，找到生命的意义。

1. 努力工作才能体现生命的价值 /190
2. 努力工作是实现自我最好的方式 /195
3. 努力工作是通向梦想的唯一通道 /199
4. 社会的认同让吃亏不值一提 /204
5. 努力工作成就卓越的自己 /207

附 录

工作态度测试 /212

第一章

工作不是为别人干的，努力怎么会吃亏

可以百分之百肯定地说工作从来就不是仅为别人做的，工作就是为了自己……

1 努力工作到底为了谁

我们为什么要工作？又为什么要努力工作？努力工作究竟是为了什么？我努力到底是为了谁？不努力难道就不行吗？

相信不少的员工都想过这样的问题。有的员工轻易就找到了自己的答案，于是更加的努力；有的员工想想，想不明白，也就算了，懒得想了——管它呢，反正想不想都这样干，还能不工作不成？有的员工虽然不停地追问，不停地探求，却依然不明白，依然茫然，依然不解，甚至还为这个问题恼怒或是伤神，最后只能不想了，任由着自己的习惯和性子对待工作，努力或是不努力，好像也就无所谓，没关系，努力不努力我都这样，照样吃饭、睡觉、拿工资，想那么多干什么呢？有的员工就会穷根究底，不想出个所以然就不罢休，因而他们就会找出一条又一条努力工作的理由来说服自己。比如：

不工作哪来的饭吃？

不工作哪来的钱花？

不工作怎么养家糊口？

不工作哪有钱交房租、买房子？

不工作到哪里安身立命？

不工作怎么展示自己的能力？

不工作怎么体现自己的价值？

不工作怎么享受工作的乐趣？

不工作哪有成功的机会？

不工作人生哪有什么意义？不工作怎么祛除孤单？

不工作怎么排遣寂寞？

不工作哪里能找到志同道合的朋友？

不工作怎么让心安稳？

不工作怎么得到认可？

……

这样的理由其实是数不胜数的。只要我们认真地来数一数，真是很多很多。但是，你发现了吗？这样的理由不管你怎么数，它都离不开一个最重要的主题——自己！不论是安身立命、养家糊口还是展示自己的能力，体现自己的价值，使自己得到认可，让自己不孤单，不寂寞……一切，其实都是为了自己！

是的，努力工作不是为了别人，就是为了自己。自己才是努力工作的最大受益者。不论是收入的增加、能力的提高、升职的机会还是获取的乐趣、得到的认可、感受到的自我价值……都是自己的！

工作从来就不是为了别人，工作就是为了自己，就拿最基本的生存来说吧，没有工作，我们大部分人都无法生存，因为不工作就没有收入，没有收入就没有饭吃，没钱买衣服，没钱交房租，没钱交际，没钱享受，不能养家糊口，又谈何生存？

工作为我们带来了安身立命的资本，让我们可以养家糊口，从而让我们在心理上产生了一定的安全感。有了工作，我们才能吃上饭，交上房租；有了工作，我们才能解决温饱，才能满足基本的生活，我们才能生存——世界上还有什么比生存更重要的事呢？

不仅仅是我们自己，我们的家人也需要我们的工作。我们不仅要养活自己，还要养活孩子，赡养老人，抚育孩子，这都需要我们好好工作，努力工作，才能把自己的责任尽到。其实别以为这样的理由不够高尚，有很多做出了重要成就的人，其工作的基本动机也不过是为了自己，为了自己的家人，为了养家糊口，为了好好生存。

在2008年的北京奥运会上，33岁的德籍俄裔体操老将索维金娜感动了所有的人，因为她以33岁“高龄”出征只是为了自己的孩子，为了给自己的孩子治病。

索维金娜1975年出生在乌兹别克斯坦。这位8次加冕世界跳马冠军的名将，16岁代表独联体参加1992年巴塞罗那奥运会，已经连续参加了四届奥运会，北京奥运会是她的第五届奥运会。在世界女子体操史上，这是一项绝无仅有的纪录。更没有人会想到的是，她一直坚持的原因竟然是为了她的孩子。为了给患白血病的儿子筹集医药费，才选择复出参赛，目的只为赢得奖金。虽然没能取得奖牌，但她当之无愧地赢得了全世界人们心中的金牌，一个伟大母亲的金牌。

在北京奥运会女子全能决赛中，她以总分60.125分排名第9位，四项得分分别是：自由体操14.600分，跳马15.750分，高低杠14.900分，平衡木14.875分，为德国队圆满地完成了任务，也为自己的儿子赢得了一笔医药费。

自己的孩子自己疼，自己的家要自己养。工作就是为自己干的，不是为别人！因为自己的一切几乎都建立在工作之上的，没有工作我们就没有一切，离开了工作，我们就无法生存。

也许每个人的工作不同，岗位各异，但工作最初的同发点，甚至一直激发我们向前的源动力，都是这样俗气而直接——为了自己的生存，为了家人的幸福。

很多员工总是以为，自己努力工作是为了企业，为了老板，因为自己创造的效益都被老板拿了去，自己努力还是不努力都只是拿了那么的一点薪水，这样的想法其实是大错而特错了。工作绝不是为老板或是为公司、为企业干的，工作是为你自己干的，因为工作中的一切都是被你自己享受了的。

没错，你的努力能为企业、为老板创造更多的价值，但这都有你的份——公司的利益、老板的利益便和你的利益都是一体的，公司强大了，你的收入也会增加，你的待遇也会提高。你在为公司努力工作的同时，得到的除了薪水，还有宝贵的经验、良好的训练、优秀的工作习惯、才能的表现和品格的历练，这些东西与薪水相比，有高出千万倍的价值，而且这些东西在任何地方都是买不回来的，这是对你努力的最好回报。

努力工作从来都不是为了别人，就是为了自己，那还有什么理由不好好努力呢？我们努力又怎么会吃亏呢？

2　工作是人生的需要

工作不是一个关于干什么事和得什么报酬的问题，而是一个关于生命、人生的大问题。工作就是充满热情，工作就是付出努力。正是为了成就什么或获得什么，我们才专注于什么，并在那个方面付出精力。从这个本质的方面说，工作不是我们为了谋生才去做的事，而是我们用生命做的事。

嗷嗷待哺的婴儿，他的“工作”是吃。从出生的第一天开始，他必须学会自己咬奶瓶，因为这个工作谁也帮不了他。学生的“工作”是学习，上班族的工作是做好自己的本职工作，专职太太的工作是照顾好家里的老小……任何人都有自己的工作，没有工作的人会烦躁不安，会无所适从。

张老师是一名乡村教师，因为乡村贫困，只得一边教书一边种地。几十年如一日。好不容易辛苦到退休年龄，远在外地工作的儿子才有机会孝敬老人。不远千里把老人接到城里，请了保姆，每天好吃好喝地侍候着。却没想到老人不到一年就患上了严重的老年痴呆症。儿子百思不得其解：明明很健康的身体，明明照顾得也很周到，年龄也不是很大，六十多岁，按照现代观点来看，六十岁，还谈不上是老人哩。为什么只一年时间，就会患上严重的老年痴呆症？后来去医院一咨询，才知道原来是老人没了工作。工作了一辈子，突然歇下来，又是新到一个地方，虽是照顾得无微不至，但每天除了吃饭就是睡觉，一下子没有了精神寄托，不光是体力劳动停止了，大脑也停止了工作，病也就一天天积累了。

工作其实就是人生的一部分，是人生的需要。没有工作的地方和地狱没有两样。没有了工作的人，就像生活在地狱中一样。

工作是我们安身立命的前提和基础，是实现自我的平台，没有工作的生命没有任何意义。工作既给我们带来劳累，甚至不快，但同时也给我们带来快乐，乃至人生的一切。工作给予我们生活的保障，我们想要获得成功、财富、名誉、地位，无一例外，都要从工作中得来，但是，工作也常常给我们带来烦恼、压力、挫折，让我们感叹工作很苦、工作很累。但是，不工作却如身处炼狱，无一刻心安，无一刻喜乐，无一刻自在。为什么很多有钱了、有名了、有地位了，什么都有了的人，却还在不停地努力工作呢？

比尔·盖茨的财产净值大约是466亿美元。如果他和他太太每年用掉一亿美元，他们要466年才能用完这些钱——这还没有计算这笔巨款带来的巨大利息，那他为什么还要每天工作？

斯蒂芬·斯皮尔伯格的财产净值估计为10亿美元，不像比尔·盖茨那么多，不过也足以让他的余生享受优裕的生活了，那为什么他还要不停地拍片呢？

美国娱乐大享萨默·莱德斯通在63岁时开始着手建立一个很庞大的娱乐商业帝国。63岁，在多数人看来是尽享天伦的时候，他却在此时做了很重大的决定，让自己重新回到工作中去，而且，他总是一切围绕他的娱乐帝国转，工作日和休息日、个人生活与公司之间没有任何的界限，有时甚至一天工作24小时。

像这样的例子数不胜数。这是很令人奇怪的现象，他们有了花不完的钱，有着许多人终其一生也不可能达到的成就和地位，有着可以尽情享受的时光和年龄，他们完全可以放弃工作、不再工作，好好享受他们的人生了，但他们为什么不去好好享受，为什么还要那么努力、甚至是拼命地工作呢？

似乎很难理解。

但是，如果明白了工作不是我们的负累，而是我们生命中的一种需要之后，你就会懂得，就会了悟，就会首肯他们的想法和做法了——因为工作就是人生的一种需要，离开了工作人生就失去了意义，就百无聊赖，就无所适从，就茫然失措，就丢了魂，失了魄，一刻不得安稳。

法国哲学家伏尔泰曾经说过：“工作撵跑三个魔鬼：无聊，堕落和贫穷。”许多富翁、名人、伟人们都不会为钱而发愁，他们早期的努力已经成功地为他们赶走了贫穷这个魔鬼。但是，还有两个魔鬼，却一直窥伺在侧，一旦你停下工作，他们就会悄然来袭。所以，那么多的富人、名人、伟人们，在功成名就之后，依然醉心于工作，执著于工作，努力于工作，就是为了抵挡无聊和堕落这两个魔鬼的侵袭。

不工作就会无聊。不仅仅是那些功成名就的人，每一个普通人都是如此。工作是我们生命的一部分，任何时候都割舍不下，舍弃不了的。因无事可做的日子是最难熬的日子，没有工作的人生是最苍白空洞没有意义的人生。“退休综合征”的例子也说明了这一点。有很多人，没退休前精神饱满，精力充沛，无病无痛，可是退休不久，却忽然在很短的时间里变得苍老衰弱，病痛缠身，而且心情压抑，精神萎靡，干什么都无精打采，往日的生龙活虎和神采飞扬都不知道去了哪里。医学上把这个叫做“退休综合征”，说是生活节奏的忽然改变后的不适应，实际上，是退休后放下了所有的工作，失去了工作带来的乐趣和成就感，失去了工作带给他们的向上的活力，处在一种没有工作可做的失魂落魄的状态之中。一旦他们找到新的工作或是新的乐趣，他们的精神马上又会焕发出来。

无事可做是最让人难受的事情。你可以想象出一个人一生不工作会是什么样子，你也可以想象，他可能会寂寞而死，或因无聊而颓废一生。

或许我们可以从一些无事可做因而就惹是生非的人身上读懂工作对人的意义，我们还可以从一些退休无事的老人口中将听到工作的秘密。他们总会说："哎呀，我是不能闲啊，一闲下来这不疼那儿就疼，浑身不舒服，我还是要去做事才行。"因为只有工作才能使他们找到人生的意义，才能真正寻回属于自己的那份自在和乐趣。

其实工作对于我们许多人而言，不是目的，也不是义务，更不是负担，而是一种实实在在的需要，心理和生理共同的需要，没有工作，就不能得到身体和心理的满足感和愉悦感，工作是快乐之根，是活力之源，这就是工作对于生命的真正意义——不是工作需要我们，而是我们需要工作。

工作是生命的需要。从生理上而言，工作是我们获得衣食充足、自由生活的物质保证；从心理上来讲，工作是我们得到满足、得到肯定和得到认可的重要途径，是我们的精神慰藉。我们对社会付出的劳动越多，得到的回报越多；我们学的知识越多，掌握的技能越多，掌握的方法越多，才能事半功倍，为更多的人服务；我们被需要的越多，我们才能得到更好的社会位置，获得尊重，实现人生的价值。除此以外，我们没有任何其他成功的机巧。

不工作就会堕落。这正是为什么有那么多少年成名的人最终却因为吸毒、打架甚至自杀的原因。因为成就太高时，工作无法再取得突破，再难以有新的成就，不能从工作中获取乐趣，甚至放弃工作时，堕落就似乎成了唯一的路了。可见不工作，不论对谁都是难以想象的事情。

可见，我们是需要工作的，没有工作我们就不会成为我们自己。当一个人做他适宜且喜欢的工作，在工作中发挥他最大的才华、能力和潜在素质，不断自我创造和发展时，那种满足感是任何其他东西都不能代替的，也是任何其他的乐趣都不能填补的，这才是工作带给我们的最根本、最重要的回报，其他的，都是附属品。

3　工作究竟带给我们什么

工作究竟带给我们什么？

很多员工的第一印象就是：收入。

是的，收入。这是工作带给我们的最直观、最直接、最物质的回报。因为这份收入，可以让我们生存、养家糊口，可以让我们得到自己想要的生活。但是，工作仅仅带给我们收入吗？

绝不仅仅如此。工作带给我们的实在太多了：

因为工作，让我们的心有所归依；

因为工作，让我们进入了社会；

因为工作，我们交到更多的朋友；

因为工作，我们学到更多的技能，积累到更多的经验；

因为工作，我们可以尽情地展示自己的一切能力；

因为工作，我们得到人生更多的机会；

因为工作，我们积累更多的人脉；

因为工作，我们享受到工作的乐趣；

因为工作，我们让生命变得更有意义，让自己找到生命的价值；

因为工作，我们懂得合作，懂得努力，懂得认真，懂得勤奋，懂得奉献，懂得付出，懂得所有我们不工作就不会懂得的一切。

……

因为工作，我们得到的东西太多太多了！工作实在是厚爱我们，给了我们太多的东西！

人生的各种滋味，需要从工作中去体会。工作中随时可能遇到不同的问题，随时可能与不同的人打交道，随时可能受到不同的待遇，尤其是各种冲突及解决冲突的过程，让我们有机会体会到苦辣酸甜。如果一个人一生都不曾在职业场上滚爬过，很难说他知道人生的真正滋味。

比如“进入社会”，这个词语常常被我们提到，并且在实践。但是，怎样进入社会，却很少有人认真思考过。其实只有工作才是唯一的、最好的路。只有工作，才能让我们真正地融入到社会当中去，让我们接到社会的各个层次各个方面，让我们有机会对社会“横看成岭侧成峰”，让我们真正了解社会。

人是社会的人，必须进入到社会中去才能让我们找到自我的位置，而工作，正好给予我们这样一个良好的机会。因为工作让我们学会与各种各样的人打交道。在一个单位上，我们与上级、下属、同事发生着直接和间接的关系，正是在这种关系当中，我们才具备完成工作的资源和条件。例如，一个销售人员，表面上看来，他可能独自奔走在市场第一线，但是，如果没有公司内部产品的供应，他能够销售吗？没有公司费用的支持，他能奔走吗？

正是这种相互的关系，让工作成为融入社会的途径。社会如同一张大网，每一个参加工作的人，就在这张网中活动，你的任何一个举动，都不是孤立的，你将受到他人的影响，你也将影响着他人。所以工作是最好的、最直接的进入社会的通道。

再来看人际交往。

人是社会的人，不管是谁，都不可能离开人群单独生活。所以，交际是每一个人都必须面对的问题。不仅仅是要学会交际的技巧，更要有交际的对象。

满大街人流如潮，来来往往，你想和谁聊聊？又有谁会坐下来和你慢慢聊？而工作，就让我们自然而然地面对着各种各样不同的人，轻松愉快地与他们相处，有各种各样的机会让我们可以尽情地和他们聊，和他们一起研究，一起探讨，工作或生活，大到人生的意义、生命的价值，小到工作的细节，今天的午餐，什么都可以，无拘无束、自由自在。向他们学习，与他们交流，与他们成为知心的朋友，甚至成为终生相伴的爱人。我们在工作中学会了怎样与人交往，我们在工作中不再孤单，不再寂寞，不再茫然失措，因为我们不仅找到了自己的位置，还找到了自己的知音。

不管是谁，不管他多么有钱，如果离开了工作，他也无法排解他的孤单和寂寞，他也会觉得人生了无滋味。

有位职场人士讲述了这样一个故事：

2009 年初，我在一家公司做顾问时，碰到一位奇特的员工：一个身价数亿的女士，竟然到一个公司做了普通的办公室文员。

我发现她的"秘密"纯属偶然。我一直以为她只是一个小职员，可有一次参加一个金融论坛，竟然看到她开着豪华轿车去出席。

"你也许无法理解吧，我这样有钱，却去做一个小职员。"她说。

我的确不是十分理解。如果是为了挣钱，当然没必要去做一个小职员；如果是为了学东西，也不太像，因为她工作的单位，是一家非常普通的小公司，比起他先生的企业，实在是相差甚远。

"我现在依然是我先生那个公司的股东之一，先前我和他一起打理公司，但后来我发现我的存在，对他是一种妨碍，因为我们意见总是不统一，在一些大的决策方面效率很低，屡屡丧失市场机会。后来，我退出经营层，做起了纯粹的股东。但我闲不下来，我想找点事情做，而且，我担心不工作会脱离社会。对我来说，在哪里工作都不是最重要的，我所要的，只是一份工作而已，只要能够让我融入到社会中，随时跟上社会的步伐，能够保证一定的人际交往就可以了。"她向我解释说。

她要的只是一份工作，一个和更多的人交往的机会，与金钱、与地位、甚至与人生的梦想和奋斗，都毫无关系。

是的，只有工作可以保证我们每天和不同的人交往，尤其是一些服务性的岗位。因为工作，我们不必天天只面对家人，不必天天只面对几个朋友，几个同事，我们还可以在更广阔的天地里接触到更多的人，让我们所经历的人生才变得丰富多彩。

工作给予我们的，实在是太多了。不深入其中，你永远不能体会。所以，不管多么努力，我们也绝对不会吃亏。

4 努力工作，才能不为找工作而烦恼

工作是我们实现自我的最好的机会，所以值得我们好好珍惜。尤其在这样一个工作难找的时代。

很多公司的墙壁上贴着这样的话语："今天工作不努力，明天努力找工作。"这其实不仅仅是一条标语，而是实实在在的现实。

工作难找，在这个以"就业难"为特征的时代，早已不是什么新鲜事了。拥有一份工作，却不努力去干，没有一个卓越的工作态度，工作没有主动性，没有激情，必然会拖沓懒散、无精打采，这样的态度，又如何会把工作做出成绩，取得更高的效益呢？工作没有成绩，不能好好完成你应完成的任务，不能胜任你的工作，不能把你的工作做出成绩，那企业留下你有什么用？企业肯定会让有责任感、有主动性、勤奋努力、认真负责的员工顶替你的职位，你的工作就必定会失去。就算你能避开老板，假装积极和努力，但业绩是硬道理，瞒是瞒不过的，终有一天，你会被扫地出门，失去工作。

不论在什么样的公司，最容易被裁、被炒、被淘汰的员工，就是那些不努力工作的员工。任何一名员工倘若不称职，随时会有失业的可能。

"能者上，平者让，庸者下"，正是职场千古不变的真理。别以为你仗着"后台"，别以为你能力超群，别以为你与老板关系很"铁"，别以为你拉关系的手段高明，这些都不可能成为你不被炒掉的"免死金牌"，因为业绩

是职场第一看重的，没有业绩，一切都是零，都是没有用的。而业绩与你付出的努力是成正比的，天下没有免费的午餐，世上也不可能有不劳而获的业绩。而没有业绩最终，你就只能被解雇、被淘汰。

丁平有一个朋友，在一家化妆品公司做营业员，做了5年连个店长也没当上，为此事她一直向丁平抱怨，说老板不具慧眼，又说同事挤对她，抱怨不尽。有一次，丁平碰巧路过她工作的店时，只见。她正懒懒地坐在一边，手里还拿着游戏机在玩，顾客进来时她连理都不理。顾客本来想向她询问一些问题但看到她的情状便欲言又止，一连来了五个顾客她都没有理会。只向第六个顾客说了一句“买不起就别看”，搞得第六个顾客满脸通红摔门而出。丁平都有些看不下去了。她看到丁平来非常兴奋，不停地和她说话，其间又来了几个顾客问她问题，她理也未理，只顾和她说话。丁平提醒她好几次，她却说：“别管他们，让他们自己去选好了。”丁平终于明白为什么她干了这么久却一直没有任何起色的原因了。

几个月后，丁平再去店里找她时，一位小姐说她已经被解雇了。对此丁平没有半点儿奇怪的——对于这样一个对工作不认真、不努力、愿干不干的员工，失业是迟早的事。

今天工作不努力，明天就要努力去找工作。可是，很多员工不一定明白这个道理。他们不懂得，丰厚的物质报酬是建立在认真工作的基础上的；他们也不懂得，即使薪水微薄，也可以充分利用工作的机会提高自己的技能；他们更不明白，要是自己不努力工作，不好好珍惜工作的机会，他们的职位就会被别人替代，他们就会失业，就会重新去找工作。

非常遗憾的是，很多人总是在失业之后才恍然大悟，在找工作的艰难中才想到自己以前应该好好工作，但是为时已晚。更可悲的是那些在“今天工作不努力，明天努力找工作”的重复中混的人，他们很少认为是自己错了，更多地责怪公司和领导。可是，那又有什么用呢？

今天工作不努力，明天努力找工作。实际上，今天工作不努力的话，即使明天找工作也不一定能找得到。很多员工工作马虎，一点也没有努力的意愿，得过且过，无精打采，总以为“这有什么关系，这里不好干了，我再换个地方就是了”，却不知道要换个地方其实很难。因为工作时你没有好好努力，没有认真，也没有想过要提升自己的能力，干多少年之后，还会和上班第一天一样对工作一无所知，反倒还养成了散漫、懒惰、拖怠等一系列的恶习，尽管年纪更大了，经验却毫无，这样的人，想要找到一份称心如意的工作，又谈何容易？

有一位大学成绩很优秀的年轻人，受雇于一家商店一年多了，却还是个前台导购，什么成就也没有，这位年轻人心怀怨恨，总是怪这家公司的老板“目光短浅”，他的工作业绩并未得到赏识，他非常郁闷，但同时，他似乎对自己很有信心：“像我这样一个学历不低、年轻有为的小伙子，还愁找不到一个体面而有前途的工作?!”

而实际上呢？并非老板“没有眼光”，而是他自己没有把工作当成一个事业来对待，马虎大意，既不认真，也没有负责，更没有努力。

后来他还是被辞退了。开始时还满不在乎，自信满满地专挑高薪工作应聘，但是却免不了一次又一次地碰壁。连续三个月，天天奔走在求职应聘的路上，却天天都带着失望回家。这时候他才知道，工作的机会并非那么轻松易得的。

今天工作不努力，明天努力也找不到工作。工作的机会其实是非常珍贵的，一旦失去，才知道可贵。那为什么我们不好好工作，珍惜这个机会，不让它失去呢？

世界上没有后悔药，等到失去工作时再后悔就已经太晚了。俄罗斯文学大师托尔斯泰曾经说过这样一句话：当幸福在我们手中的时候，我们并没有感到幸福的存在；只有幸福离我们而去，我们才知道它的珍贵。工作也是这样，如果握在手中时我们不懂得珍惜，等失去之后再来后悔，又有什么用呢？工作机会并不是俯拾即是，一个工作机会总有几人甚至几十人去竞争，谁能保证幸运女神一定会降临到自己的头上呢？所以，珍惜当前机会，努力工作才是明智之举。不然的话，就会失去宝贵的工作机会，不得不再去找工作。

要想不失业，唯一的办法就是珍惜自己现在拥有的工作，不断地努力学习，不断地提高自己。只有这样，你才有可能在以后的竞争中立于不败之地，才能更好地发展自己的事业。“今天我努力工作”，这不仅是一名员工对待工作的态度，更是减少后顾之忧，拓宽未来之路的最佳手段。与其明天努力找工作，不如今天好好努力工作。

今天工作不努力，明天努力也找不到工作，所以，今天拥有一份工作时，我们就要好好地珍惜，好好地努力，把工作做好，做扎实，做出成绩，这不仅可以让我们保住工作的机会，使我们有养家糊口的基础，有实现自我的平台，更会让我们得到努力的回报，收获成功的幸福。

5 工作努力绝不会真吃亏

工作的根本还是为了自己，努力工作的最大受益者也是自己。很显然，努力工作是绝不会吃亏的。因为不论你多努力，你都是为了自己，都是让自己得益，你还会有什么吃亏与不吃亏的呢？而且努力工作会让我们取得可喜的工作成绩，积累丰富的工作经验，不断提高自己的工作能力，为自己和家人带来更好地享受……无论从哪方面来看，努力工作都不会吃亏。

所谓吃亏，就是你的个人利益受到损害，付出的与得到的不相符合，付出的多，得到的少，就是人们所说的吃亏。

但即便是这样我们就真的吃亏了吗？

刘德华与师父妙莲老和尚的对话中有一段专门讲“怎样看待好人总

是吃亏”，其实值得我们每个人一看：

问：吃亏真的很傻吗？

答：做事吃亏，好像你很傻，其实是赚了福德。你退一步，眼前是输了；但最后的胜利、最后的安乐就是你这位傻人，所谓傻人有福啊！

问：你想赢得尊敬吗？

答：只要时时保持好心情，不急躁，多协助人，在做事方面多吃亏，多为人解苦，给人方便，人家自然会尊敬你。

问：好人难做吗？

答：其实好人最容易做！有善神、诸佛菩萨加被嘛！

问：为什么聪明却无福？

答：因为做事情总是让人家吃亏，只顾自己占便宜，这样聪明是聪明，却很折福，一点福报也没有。有智慧的人，好事予他人，吃亏是自己。如此才能培福。

问：好人没有好报吗？

答：不做坏事，只代表你不是坏人，并不表示你是个好人。怎样才是好人？要做好事才是好人。虽有好心却不做好事，哪有好报？你做了好事，总有一天会有好报的，不是不报，时候未到。

可见，吃亏并不是傻，也不是真的吃亏了，而是你在这里好像吃亏了，却在更多的地方补回来了。刘德华从艺几十年，一直挺立于潮头，光环不散，不仅赢得了亿万影迷的喜欢，也在圈内有非常好的口碑，这也许与他常年领受师父这样的教诲、懂得“吃亏是福”的道理大有关系。

有很多员工认为，我努力工作，我付出一切，可我的工资并没有增加，老板也并没有给我多少利益，我从中也没有得到多大的好处，我这样努力有什么意思？我越努力就越吃亏，努力有什么用？还不如随便干干就行了。

这样的想法其实才是真正会让自己“吃亏”的想法。因为亏与不亏，并非一时一刻的得失，所谓“塞翁失马，安知非福”。有很多事情在当时看吃亏了，但经时间证明，其实并没有吃亏。有的事情片面看是吃亏了，但从辩证角度看，并没有吃亏。努力工作也是一样，也许在当时来看，好像有些吃亏了，但只要你努力，回报就一定会来的。

工作中，活干得比别人多，你觉得吃亏；钱拿得比别人少，你觉得吃亏；经常加班加点，你觉得吃亏……其实，没必要这样计较，吃亏不是灾难，不是失败，吃亏也是一种生活哲学，吃小亏是为了得大福。现在吃点儿小亏，是在为明天的成功铺就道路。清代大学者纪晓岚说过“吃亏是福”，这句话家喻户晓、妇孺皆知，就因为它所表述出来的深奥的哲理——不吃小亏哪儿能得大福呢？

能吃亏是做人的一种境界，是处世的一种睿智。在工作中并不是多做事或多帮别人干点儿活就是吃亏。如果领导让你加加班、赶赶任务，别以为自己吃了大亏，反而应该感到庆幸，因为领导只叫了你，而没叫其他人，说明他信任你、赏识你。吃亏是一种贡献，你贡献得越多，得到的回报也就越多。

常言说：舍得舍得，有舍才有得；学会在适当时吃些亏的人绝对不是弱智，而是大智；给别人留余地就是给自己留余地，予人方便就是予己方便；善待别人就是善待自己。有很多平时吃亏很多的傻人无意中得到的，真的比聪明人费尽心机得到的还要多甚至多很多。乐于加班，就是这样的一种吃亏。

你要是能做到比别人多付出一分努力，就意味着比别人多积累一分资本，就比别人多一次成功的机会。

北京市延庆县人民检察院的霍高勇对此就深有感悟。他从一名普通的司法警察成长为一名政工部门的中层干部，成长为一名党支部书记，并被评为全国政法系统优秀党务工作者代表，参加了中央政法委组织的全国政法系统先进基层组织、优秀党务工作者和优秀共产党员干警表彰大会，受到中央政治局常委、中央政法委员会书记周永康等中央领导同志的表彰，正是得益于他的肯干和肯吃亏。回想自己的成长经历，他自己总结

为八个字:"多干有益,吃亏是福。"他说:

我是河北省南和县人,1985年高中毕业,19岁的我经过公开考试,怀揣着少年的梦想走进了神圣的人民法院。成了一名司法警察。当我穿上警服,头顶庄严的国徽,我充满了光荣和自豪,我暗暗发誓要为自己钟爱的事业奋斗一生。我对工作充满了热情,那时,全院三十多人,案子不是太多,除了提人送传票之外还有很多时间,没有任务时,我尽量去帮助别人工作,同时也是在不断地学习和提高自己做各种工作的能力。我们的打字员怀孕生产,她所有的工作我都接了过来,包括打字、收发机要和司法统计。当时院里的打字机是铅字打字机,需要一个字一个字往上敲,我很快就掌握了打字技术,提高了打字速度,受到了领导的好评。司法统计工作需要十二分的细心,我便努力学习统计技巧,熟练掌握统计的计算公式,细心地填写每一个数据,不厌其烦地计算,做到万无一失,我还根据统计情况写统计分析,以前统计都是走机要通过邮局报送,我接手以后每次都是亲自去中院报送,一方面向中院统计员当面学习请教,一方面请他当面检查,发现问题及时解决。就这样我第一年当统计员就获得中院统计工作评比第一名的好成绩,并荣立了三等功。后来我又兼任了单位的信息员,我写的两篇信息被省院转发。当时我做了法警、打字员、机要员、统计员、信息员五项工作,虽然很辛苦,但是我得到了充分的锻炼,艺不压身,这些历练为以后做好其他工作打下了良好的基础。

1988年我调入北京市延庆县人民检察院,还是当法警,这里工作分类比较细,我只是做专职法警并没有其他的工作,没事我就练练大字,通过练习,我的书法大有长进,后来我就"承包"了单位的黑板报、会标、公告的书写任务,虽然这并不是一个法警的本职工作。后来我自学了法律大专和法律本科,我想我不能干一辈子法警,以后岁数大了,跑不动了的时候,要有能力干别的工作。但是仅仅有文凭是远远不够的,我利用工作的闲暇博览群书,不断提高自己的修养,提高自己的能力。我又结合自己的工作经历和感悟写一些小文章,并尝试向报纸杂志投稿,随着自己的努力，我的一些稿子也偶尔见诸报端。后来，我又尝试写了一些法律论文，我还就一些立法建议结合自己的观点进行了论证，并提交给全国人大法工委，全国人大法工委还给我回函表示感谢！我还因此参加了几次北京市检察协会年会，和一些知名的专家教授进行了面对面的沟通和交流，并就一些法学前沿问题当面向专家教授进行请教，使自己受益匪浅。

我在提讯的时候发现，一些青少年年纪轻轻就走上了犯罪道路，觉得很惋惜，就常常在检察官讯问的时候，也细心地了解案情，并进行分析的思考，了解他们的经历和思想变化，写了一些案例在报刊发表。后来我对一些案例进行了总结，到一些学校给同学们讲法制课，为青少年法制教育尽自己的微薄之力。尽管这些工作都不是自己的本职工作，但是我觉得很有意义，也感到很充实。

2004年，我院进行中层干部竞争上岗，我有幸从一名普通法警走上了政治处组宣科长的岗位，这说明了我的工作得到了领导的肯定和同志们的认可。在新的岗位上我努力工作，由于组宣科人少事多，我几乎每天处于加班状态，内宣、外宣和教育培训工作是我们组宣科工作的三大项内容，外宣工作比较薄弱，我便不停地写外宣稿子，曾经有一天，早晨6点起床到上班前，我写了一篇稿子，中午休息我写了一篇稿子，晚上又加班写了一篇稿子，到了晚上十一点还在和报社的记者联系，我的工作热情也打动了报社的记者，我和很多记者成为很好的朋友，几年来我个人发稿数百篇，在《法制晚报》和《北京娱乐信报》有几个整版的报道，有一篇稿子还得到了北京市人民检察院慕平检察长的批示。后来我又加强和各处室的联系，鼓励大家共同努力，使我院的外宣工作有了很大的进步。

在教育培训工作中，我也积极开拓，我院地处北京远郊区，人才缺乏，加强教育培训工作是提高干警整体素质的必经之路，我们积极向兄弟院学习，制定各种规章制度和教育培训考核办法，使我院的教育培训工作有了很大的进步，我还代表延庆检察院在市院教育培训工作会上作了典型发言。

后来我还被选为党总支宣传委员、政治处党支部书记，从事大量的党务工作，在党建工作中我们也建章建制，建立各种学习制度，建立了总支委员联系支部制度，每个总支委员联系两个支部，参加支部的各种活动，对支部活动进行督促和指导，加强基层支部的党建工作。我联系的反贪局党支部2010年度被评为北京市政法系统“五好党支部”。

几年来，我先后获“北京市检察机关思想宣传工作先进工作者”、“北京市检察机关好新闻二等奖”、“北京市检察机关先进工作者”、“北京市政法系统优秀党务工作者”和“全国政法系统优秀党务工作者”等荣誉，这是党对我巨大的鼓励和鞭策。

通过这些，我有许多感悟，在我的工作中，没有分内分外，没有上下班和节假日的概念，只要是工作任务，不管有多大的困难，我也要加班加点克服困难拿下来，为了工作我可以夜以继日废寝忘食尽自己最大的努力在最短的时间里去做到最好。

不要怕多干工作，不要怕困难。有人说，干的多出错就多，挨批评就多，多干不如少干。我认为，多干活固然出错的机会就会大，我也曾因为经验不足出现严重的工作失误，受到领导的严厉批评，但这是成长必须付出的代价，从那次工作失误以后，我总结经验教训，在工作中更加谨慎更加认真，之后从来没有再出现过大的失误，使自己在工作中更加成熟。不要怕困难，克服困难之后完成的工作任务会更有成就感，每克服困难完成一次工作任务就会使自己的能力有一步的提升，自己就会在一次一次和困难的较量中不断成长。没有闯劲，害怕困难，只会使自己变得越来越平庸，多工作可以使自己多历练，只有多工作才会有成绩，只有多工作才能丰富自己的阅历，才能使自己的生命更有意义，才能使自己的生命更加精彩，就像歌词唱的那样，不经历风雨怎么见彩虹，没有人能随随便便成功。

我觉得只要踏踏实实地工作，就会有一点一滴的进步，就会得到充分的信任和鼓励。我从我自己的经历中切切实实地感觉到：多干有益，吃亏是福！

是的，对于任何工作而言，多干都有益，吃亏就是福。在工作中并不是多做事或多帮别人干点儿活就是吃亏。吃亏是一种贡献,你贡献得越多,得到的回报也就越多。学会在适当时吃些亏的人绝对不是弱智,而是大智。

再说了,努力工作是为了自己,不管你怎么努力,最后的回报还是归于你自己,你怎么努力都不会吃亏。

首先,努力工作使我们的收入增加。努力工作,就会把工作干得更好,更有成绩,就能为企业创造更多的效益,公司的效益好了,自己的收益自然也就多了。不要老是抱怨现在的工资太低,待遇不好,而要看到以后的收益。也许我们亲眼目睹或耳闻他人被老板无情解雇的事实,总认为多干不划算,多干会吃亏,看不到工资之外的价值,对工作缺乏信心,没有了热情。采取宁愿少说一句话,少写一页报告,少走一段路,少干一个小时的活等应付工作的态度,以为这样已对得起自己目前的薪水,自己才不会吃亏,却从没想到过是否对得起自己将来的薪水,将来的前途。

你的努力其实不仅仅只体现在你当前的薪水上,还体现在以后的薪水和发展上。有付出就有回报,这是天道,也是公理。每一个员工都应当有这样的信念,并为之切实努力,得到真正的回报,而不是计较一时一回的回报。

其次,努力工作是提升自己的能力的有效途径。努力工作其实是一种锻炼,也是一种提高。如果整天怕干工作,能力素质始终得不到提高,就难以与时俱进,会被时代所抛弃,这难道不是更吃亏吗?许多有所建树的人、优秀的人、卓越的人,无非就是比别人多努力了一点,多干了一点,多钻研了一点,多吃亏了一点,但正是这些看似平常的一点点,成就了他们的事业。他们所得到的回报也就远远超过了其他人。

第三,努力工作使我们的职场竞争力大大提高。在竞争日趋激烈的今天,那些好逸恶劳,按部就班,安于现状,不求上进,不努力工作的人,总是最先被淘汰、被裁员、被解雇的人,因而他们常常会叹息:“为什么倒霉的事总发生在我身上?”其实这不是他最倒霉,而是他在为他的不努力付出代价。也许一时的玩乐和轻闲让他似乎没有吃亏,但最终的被淘汰吃亏的就是他们了。不努力工作的人，不管他学历有多高，能力有多强，总是排在被淘汰者名单的最前面。只有那些脚踏实地、埋头苦干、努力工作的人，才能永远在激烈的职场竞争中立于不败之地。因为努力工作使他们积累了更多的工作经验，增长了更多的工作技能，提升了自己的素质，从而使自己的竞争力大大提高，职场驰骋而无所畏惧。

第四，努力工作使我们的工作态度大大改善，任何小事都能做到完美。荀子曰："祸之所由生也，生自纤纤也。"生活经验也告诉我们，堤溃于蚁穴，气泄于针孔，小洞不补，会吃大苦。认真努力的态度使我们不论对待任何工作都会有切实努力，有努力工作的态度就能使我们任何时候都不会放纵自己，任何时候都能遵纪守法，严格自律。工作认认真真，时时负责到底，严格按照工作规程和工作纪律，不轻视小事，不忽略细节，消除细节中的魔鬼，放飞细节中的天使，这样就能不仅使自己的工作更有成绩，也能更保证工作的安全，这肯定不会吃亏，而是对自己最好的保护。

第五，努力工作使我们的品德更上一层。一般而言，很多人都存着"拼命工作，便会吃亏"的私心。如果一直以这样的心来对待工作，肯定会让自己有一个"时时都不能吃亏"的念头在，这样，我们的自私便难以克服，品格也就不可能提升。相反，努力工作，会让我们由心底生出对工作的敬畏和忠诚，让我们在任何时候都能信守工作的规则，抱定认真的态度，尽心尽力，尽职尽责地把工作做到最好。专心致志，热爱工作，一心扑在工作上，想方设法，不断努力。久而久之，必然心胸开阔，眼界不凡，做任何事情都会"竭尽全力"、对任何事情都能认真努力，对每一个人都和谦和恭顺，再平凡的人不久也将旧貌换新颜，变成非凡的人。

所以，不管怎么说，从左说到右，从上说到下，从里说到外，从工资说到发展，从现在说到将来，说到天说到地，努力就是不会吃亏，努力总是对我们自己有好处的，那么，为什么不努力呢？要相信，只要努力，任何时候，都绝不会吃亏的。

6 工作不努力才会真吃大亏

在很多人的眼里，工作只是一个谋生的工具，谋食的饭碗。特别是在现在这样的一个职场高度自由、择业高度自由、“炒”和“被炒”都再平常不过的时代，有些员工对于工作看得无足轻重，他们总认为“这没有关系，我到哪里找不到一份工作呢?”、“此处不留人，自有留人处”，“我凭什么努力？大不了走人呗。”这样的想法，让他们看轻自己的工作，不珍惜自己的工作，也没有想过要努力、要认真、要好好地把工作干好，生怕多干一点就吃亏了，就不划算了，就“傻”了，所以，他们总是得过且过，以一种无所谓的态度来对待工作，最后落得个了无成就，甚至失业的境地。其实这才是真正的傻!

我们拥有一份工作，为什么不好好珍惜它，不努力把工作做好呢？有了工作，我们才有生存的基础，生活的来源，才能找回自信，才能活得有尊严。对一个人来说，工作就如同我们身体里的血液，如果我们连一份工作都没有，还谈什么理想、什么价值、什么人生追求？把工作当儿戏、不好好工作、不努力工作、不珍惜工作的人，才是真正的傻！因为不论是机遇、工资还是经验、技能、知识、人脉，都需要我们努力、勤奋、付出，才能得到的。不努力就不会有成功，没有努力就不会有成绩，也许最后连工作的机会都会失去，还谈什么事业，什么成功，什么成就呢？工作努力的人才有资格拥有工作，工作不努力的人注定要失去工作，我们要珍惜工作，抓住工作的机会，就要付出艰辛的努力，付出更多的心血，努力工作，从而保住工作，这才是真正的聪明。

不努力工作就会失去工作，不努力付出就不会有任何收获，你有什么样的工作态度，工作就会回报给你一个什么样的未来。只有努力才会有好的回报。所以,工作无论大小,都要全力以赴,勤奋努力,力求做到最好,这是每一个员工最基本的信条,也是取得人生成功的关键!

伯格和赫尔·凯恩在公司里,学历是最高的,本以为到公司就会受到重用,进入重要岗位。可是安排下来的工作,令他们大失所望,他们仿佛成了杂务工,什么活都要干,而且全都是些小小的、不需要多大的技术含量和工作能力的工作,任何人在这样的岗位上都可以干好,根本不需要他们这样高学历的人干这个。于是他们便有了些抱怨。

不同的是,伯格开始厌倦这份工作,常常关注招聘信息,随时准备跳槽,他认为在这样的工作上浪费他宝贵的精力太"吃亏"了,他把这些看起来毫无意义、却令他烦心不已的工作扔到一边,常常缺勤;赫尔·凯恩虽然心里不痛快,却仍然安心工作、任劳任怨,把它作为锻炼自己的机会,相信总有一天会赢得公司认可。他还深入了解公司情况,加强自己的业务知识,熟悉其他业务工作内容。

5个月后,结果可想而知,赫尔·凯恩被调到重要岗位,结束了单调而乏味的工作,开始了自己新的工作旅程。而伯格的新工作还没有找到,却已经被辞退。

在职场上,只有认真工作努力工作才是真正的聪明,因为认真工作是提高自己能力的最佳方法。美国零售业大王杰西·彭尼说过,一个人要想有所成就,最明智的办法就是不论做什么样的工作都勤奋努力,因为你在为公司工作的同时,也是在为自己的未来工作。

维斯康公司是美国20世纪80年代最著名的机械制造公司。詹森和许多人一样,在该公司每年一次的用人招聘会上被拒绝了。但是他并不灰心,发誓一定要进入这家公司工作。

于是,他假装自己一无所长,找到公司人事部,提出为该公司无偿提供劳动力,请求公司分派给他任何工作,他将不计任何报酬来完成。公司起初觉得简直不可思议，但考虑到不用任何花费，也用不着操心，于是便分派他去打扫车间的废铁屑。

在整整一年时间里，詹森勤勤恳恳地重复着这项既简单又劳累的工作，他不仅把自己的工作做到最好，还千方百计学会了更多的技能，并且对于公司的经营状况和主要问题也极为关注，对产品的质量及企业的发展方向等问题都有了自己的见解。但是，尽管他得到了老板及工人的一致好感，但仍然没有一个人提到录用他的问题，他依然是一个编外的工人。他的许多同事和好友都为他抱不平，认为他这样努力地工作，全心全意为公司着想，却没有得到丝毫的回报，真是“太傻了”。但詹森却认为自己这样努力付出是值得的。

1990年初，公司的许多订单纷纷被退回，理由均是产品质量问题，为此公司将蒙受巨大的损失。公司董事会为了挽救颓势，紧急召开会议，寻找解决方案。当会议进行了一大半还不见眉目时，詹森闯入会议室，提出要见总经理。在会上，他就该问题出现的原因作了令人信服的解释，并且就工程技术上的问题提出了自己的看法，随后拿出了自己的产品改造设计图。

这个设计非常先进，既恰到好处地保留了原来的优点，又克服了已经出现的弊病。总经理及董事觉得这个编外清洁工很是精明在行，便询问他的背景及现状。于是，詹森当着高层决策者的面，将自己的意图和盘托出。之后经董事会举手表决，詹森当即被聘为公司负责生产技术问题的副总经理。

原来，詹森利用清扫工到处走动的特点，细心察看了整个公司各部门的生产情况，并一一详细记录，发现了所存在的技术问题并想出了解决的办法。他花了一年时间搞设计，做了大量的统计数据，终于完成了科学实验。

詹森并没有因为自己是一名编外清洁工就不认真对待自己的工作，相反，他努力付出，不仅提升了自己的能力，关键时候为企业创造了效益，也为自己创造了成功的契机，他是傻还是聪明呢？是努力吃亏还是不努力吃亏了呢？答案不言自明！

其实“吃亏就是占便宜”，也许会有人不屑地说：这不过是甘当阿Q，自我安慰罢了。也许有一点自我安慰的成分吧，但有付出就有回报，努力工作了，绝对不是吃亏这却是天道，是公理，是任何地方任何时候都会遵行的规律。世上没有白流的汗，也没有白白的付出。不要觉得多干一点就是吃了一点亏，要知道在你“吃亏”的同时其实你已经得到了很多。

孙明大学毕业后，就进入了一家出版社，在编辑部工作，他人活泼机灵，又十分热心，同事们都知道，有事找，绝对没二话，孙明的口头禅是“吃亏就是占便宜”。出版社的工作很忙，老板又不愿增加人手，所以编辑部的人有时还要兼顾一些发行部、业务部的工作。其他的人多干一些活就提出抗议，怨声载道的。只有孙明像旋转不停的陀螺，却总是乐呵呵的，指挥他做什么事，他就二话不说去做。

甚至是那些搬书、装书的力气活儿，孙明也从来不抱怨，有同事悄悄对孙明说：“图什么呀？又不给加工资，你一个编辑，他这是拿你当苦力啊！”孙明却只是一笑：“吃亏就是占便宜嘛！”同事摇摇头。

后来，孙明成为老板支使最多的人，他像每个部门的临时助手一样，一时人手不够，连员工都知道可以去叫孙明去帮忙。取稿、跑印刷厂、邮寄、直销……所有的业务流程，孙明全程都参与过，没有一个过程不熟透于心的。

渐渐地，孙明熟悉了出版社的整个运行过程，也对全社的运作状况了如指掌，几年之后，他成立了自己的文化公司。那些“吃亏”时锻炼出来的经验，帮了他的大忙，他一上手运作，便很容易地进入了状态，熟门熟路，使他的公司如鱼得水，很快打下了一片天地。

每天多干一点，表面上看起来，是多付出了很多体力和精力，似乎并没有得到相应的回报。但实际上，对于年轻人来说，阅历浅、经验少，正是大好的学习时机，计较报酬高低还在其次，关键是积累应有的经验，学习必要的技能和知识，为将来的发展打下坚实的基础，才能尽快地使自己成长起来，成熟起来，以后的成功就指日可待。这才是工作对于你的努力的最好的回报。

一家大型酒店客房部的李华君，被公认为是酒店的“亲善大使”，就是因为她从来不和任何人计较什么，对待身边的人和员工都非常的关心、宽容，是一种发自内心的关爱，她把“吃亏就是占便宜”完全溶进了自己的工作和生活中，所以她们部门员工也都很尊敬她、信服她。

这家大酒店的厨师长侯大有也是这样积极主动努力的人。本来酒店的一些突发事件和一些矛盾的处理不属他的工作职责，但是只要酒店洗浴、大剧院等有任何事情发生，经理一个电话，不管多晚他都会从家里以最快的速度赶到酒店处理事情。

2006年他还兼任过一段时间的营销部经理。这些从表面上看，侯大有确实吃亏了，不是自己工作职责内的事情，还要牺牲自己的休息时间来工作。但是正是在这些工作中，侯大有的口才、能力都得到了锻炼，同时还认识了政界各行的许多领导，好多的领导现在提起小侯，无不交口称赞。

凡事都有其相对的一面，“吃亏”与“占便宜”其实也是两种人对待周遭人事的方式，睿智的人知道怎样和谐地同身边的世界相处，并且从中获得知识和经验；而目光短浅之辈则只会看到当前的蝇头小利，或是满腹牢骚，怨声载道。这是做人的两种完全不同的境界！

不论是什么样的工作，你每做一件，就是为自己累积一些这方面的经验；每多干一点，就是对自己能力的最好的锻炼。抓住这样的机会，努力工作，学习一切自己应学的东西，才是真正的聪明。因为工作的机会正是你学习的机会，足可以让你从中学习处理业务，学习人际交往。长此下去，你不但可以获得很多知识，还为以后的工作打下了坚实的基础。

努力工作不吃亏

很多的员工都会觉得老板不公平，老派自己去干一些重的、粗的活，但如果我们从另一个意义上来看，这正是老板在给我们提升的机会，如果你能把握住这样的机会，努力去把工作做好，你就把这份工作摸透了、摸熟了、摸得在任何地方都可以胜任和完成了，那你说你是吃亏了还是没有吃亏呢？如果你不肯投入，不愿付出努力，你将注定一无所获。

所以，我们工作每一天，都要尽心尽力，对待每一件小事，都要力争高效率地完成。尝试着超越自己，努力做一些分外的事情，不是为了看老板的笑脸，而是为了自身的不断进步；在同一职位，即使机遇暂时没有光临，但在你为机会的来临而时时准备的行动中，你的能力已经得到了拓展和加强，实际上，你已经为未来某一个时间创造出了另一个机遇。

巴菲特说："人生就像滚雪球，最重要的是发现很湿的雪和很长的坡。"让自己沉淀下来，认真努力地对待工作，学着发现"很湿的雪"，努力寻找"很长的坡"。别以为自己努力了就是傻，傻在很多时候意味着执著和忠贞，也意味着宽厚和诚实，让人不知不觉站到你一边。傻人无意中得到的，比聪明人费尽心机得到的还多。那种偷懒耍奸、拈轻怕重、生怕多付出了一点点的员工，表面上看起来是聪明，实际上却是"聪明反被聪明误"，用小聪明误了大前程，得不偿失，这才不是聪明，而是傻，这也不是赚钱，而是吃亏！

吃亏就是占便宜，让我们记住这句话，它将对我们以后的人生，有莫大的贡献。

第二章

努力工作回报多，不吃亏

工作越努力，回报越丰厚。这不仅是职场的至理，也是人生的箴言。

1 只要努力,工作收入就不会低

“老板怎么只给我这么些薪水?真倒霉。如果他能多给我一些,我肯定就会更努力一些。”

“为什么公司给某某涨了那么多钱,我的工资却还在原地踏步?真不公平!”

“老板怎么那么没眼光,为什么总是看不见我的才华我付出的努力,总不给我涨薪水也不提拔我呢?”

“老板真小气,我努力真没劲,还不如不努力。”

“我做了那么多,老板也没给我加工资。”

……

这样的话,我们每天都可以听得到。然而,事实真的是这样吗?真的是我们努力了,认真了,扎扎实实地付出了,却没有得到应有的回报吗?很显然,不是这样。不管是职场还是在人生的任何地方,有付出就有回报,这是世间的真理。没有付出,却妄想回报,显然是有悖天道,绝不可能实现的。“天下没有免费的午餐”,天上掉不下馅儿饼来。

之所以一些员工会这样想,是因为他们认为自己努力了,认真了,付出了,却所得太少。但实际上,如果我们能仔细地想一想、仔细地反思一下,我们是不是做得足够多时,我们就会明白:不是老板太抠门,也不是我们运气太差,也不是企业里太不公平,而是我们确确实实做得还不够!

你看到张某某涨薪水了,但请你自问一声,你比他更努力吗?他为了面见客户谈成这笔生意,连续三天不停地转车转机终于追上了客户时,你是在像他一样地努力还是悠闲地上班下班,天还很早就躺在你宽大的床上放松地做着梦呢？

你看到李某某又升职了，心里极为不平，但是你反思过你付出的有他的多吗？他半夜在公司加班时你是不是在酒吧里和朋友喝酒呢？

你看到孙某某又得到了老板的青睐，被老板提升为部门主任时，你想过没有，上一次老板交给你做的事你没能好好地完成，最终却是孙某某把它圆满完成，并得到了老板的高度赞赏？

这世界其实没有不公平，特别是在付出与得到上。有付出就有回报，有多少付出就会有多少回报，努力工作就会有高收入，不付出就没有报酬，不努力就会减扣工资，没有业绩就没有奖金，这是职场最通行的定律，没有人是例外。如果没有付出却想要回报，就只能是一厢情愿的幻想了。而扎扎实实地努力、认真执著地付出了，就一定会有回报。

约翰·格兰特在一家五金商店工作，每周只能赚2美元。他刚一进商店时，老板就对他说："你必须对这个生意的所有细节熟门熟路，这样你才能成为一个有用的人才。"

"一周2美元的工作，还值得认真努力地去做？"与格兰特一同进公司的年轻同事不屑地说。

然而，这个简单得不能再简单的工作，格兰特却干得非常用心。

经过几个星期的仔细观察，年轻的格兰特注意到，每次老板总要认真检查那些进口的外国商品的账单。由于那些账单使用的都是法文和德文，于是，他开始学习法文和德文，并开始仔细研究那些账单。

一天，他的老板在检查账单时突然觉得特别劳累。格兰特看到后，主动要求帮助老板检查账单。由于他干得实在是太出色了，以后的账单自然就由格兰特接管了。格兰特一样干得很努力很认真。

一个月后的一天，他被叫到一间办公室。老板对他说："格兰特，公司打算让你来主管外贸。这是一个相当重要的职位，我们需要能胜任的人来主持这项工作。"

格兰特的薪水很快就涨到每周10美元。一年后，他的薪水达到了每周180美元，并经常被派驻法国、德国。

他的老板说："约翰·格兰特很有可能在30岁之前成为我们公司的股东。他对工作的认真和努力使他应该得到这样的回报。这是他应得的。"

不久之后，格兰特成为公司的副总裁，并享有公司的股份，成为公司的大股东之一，年薪已远远超过百万美元。

现在的许多年轻人都不会像格兰特那样愿意接受每周2美元的工作，因为他们觉得自己的付出，远远大于所得到的这区区2美元。但事实上，正是这份每周2美元的工作为格兰特每周180美元的工作奠定了基础，并为格兰特最终成为公司最年轻的股东奠定了基础。

可见，只要你认真了，努力了，把工作当事业一样尽心尽力去干好了，收入就一定会增加。

从2004年到2010年，姚明一直占据着名人榜单的首位，年年收入飙升，成为名副其实的"姚钱树"、"吸金王"。姚明已经不再是一个纯粹的篮球运动员，他已经成为一个品牌符号。

自从姚明加入NBA以来，他的收入就以几何数字增长。姚明在NBA这几年光工资一项，就已经有9380万美元入账。姚明的第一份合同是新秀合同，合同年限为3＋1，最后一年球队具有优先选择权。2005年，姚明与火箭签订了一份5年期的新合同，为火箭效力到2011年，在工资条款当中，姚明将得到NBA劳资协议规定的最高工资，按照他加盟NBA的年限和劳资协议的规定，约在7600万到8100万美元左右。

除了工资，姚明背后巨大的中国市场让他成为商机的代名词，众多国际品牌纷纷邀请姚明作为代言人：百事、锐步、麦当劳、联通、苹果电脑、人寿保险……姚明签过的广告合同多达13份。

在NBA的9年里，姚明总共收入达到20亿元。如此高的收入，可不是天上白掉下来正好砸中了姚明的头，而是姚明凭借自己的努力和奋斗得来的。曾经有人就姚明的收入“黑”姚明，说姚明不配拿那么高的薪水。《休斯敦纪事报》著名记者费根就专门反驳了这一观点。

在在线回答球迷提问时，费根表示姚明是最努力的球员，也是对球队最忠诚的球员，这是得到联盟教练和球员公认的。费根坦言那些“黑”姚明的人实在很无知。我们来看一下费根的回答就知道了：

问：我认为姚明是一个运气很好的家伙，他找到了休斯敦火箭这样一支即便他不能上场打球，也愿意给他支付工资的球队。我认为姚明是一个骗子，你的看法呢？

费根：看来你认为自己知道很多，你对于我讲的事实没有兴趣，但我还是应该这样说，没有人比姚明工作更加努力，没有人比姚明对他的球队更加忠诚。阿德尔曼从70年代早期就在NBA工作，阿德尔曼说过他从未与像姚明那样勤奋，那样愿意为球队奉献的球员合作过。范甘迪和阿德尔曼的看法一致，火箭老板亚历山大也是这样说的。对于姚明的努力和贡献，队友、教练和对手都送上赞歌，那些表扬的话是他们主动说的，并非来自记者的引导。我认为教练和球员应该更了解情况。

问：姚明在宣布退役时，宣读了一份朋友名单，难道那些人就是姚明所有的朋友吗？我认为姚明的朋友非常多，奥尼尔还说想与姚明一起度假呢？

费根：姚明拥有很多好朋友，那份名单并不完整。对于我而言，我不能也没有兴趣评价姚明在赛场内外的交友情况。

问：我提出这个问题是认真的，“大梦”奥拉朱旺、姚明和麦蒂是你的朋友吗？作为一名记者，你可以和奥拉朱旺这些球员建立友谊吗？有很多人来自ESPN和TNT的记者，自称是姚明的好朋友，他们有一些人以前是球员，所以他们和球员有一些私人交往没有问题。

费根：这个问题我也不知道如何回答，我和他们之间的关系很友好。我和奥拉朱旺以及姚明聊过很多事情，那些聊天并不是我采访工作的一部分。谈到与球员之间的关系，你必须要考虑职业因素。

问：姚明是一位非常优秀的球员，也是一个好人，那些不了解情况的人还是闭嘴吧。我支持姚明。

姚明能在短短时间内身价达到数亿元人民币，所有的人都知道全是辛苦和努力得来的。他不仅打球时认真努力、勤奋踏实，就是“捞外快”——拍广告和代言，也是一样地认真和努力。“姚之队”队长章明基表示，“姚明接受广告非常注重品牌质量，有很多的标准，只有各个方面都做好了，才能做出比较好的产品。”

世界上从来就没有白来的财富，每一分钱都是自己辛苦努力所换来的，不论是像姚明这样的巨星，还是像巴菲特一样的巨富，都是如此。所谓天道酬勤，只要努力工作，就一定会有高的收入。

虽然我们作为普通的员工很难像姚明一样几年时间内使工资那样猛烈地增长，但是，我们从姚明的身上足可以看到：只要努力就一定会有回报，你认真了，努力了，工资只会一年一年往上涨。

2 你的收入其实由你自己决定

很多员工认为，自己是个打工的，自己的工资和收入由老板说了算，企业说了算，企业给自己开多少就是多少，老板给自己发多少就是多少。因而总是抱着“拿多少钱，做多少事”的想法，认为“我们拿100元钱，就只做100元的事”是理所当然的，或是对自己所获薪酬不满，觉得自己努力干吃亏了，从而失去了努力工作、积极进取的动力。但你有没有想过，你的工资真的是由企业或是老板决定的吗？

彼得只是一名装修工人，他在安德鲁装修公司里工作，不夸张地说，在所有工人中，最认真、给别人印象最深的、把工作做到完美程度的就是彼得。他个子矮小，但人很聪明勤快，绝不浪费雇主家的任何东西，如他宁可用自己的手试验胶水的牢度，也不会浪费雇主家的一块木板。他会把工作做得很完美，找不到缺陷，还总是主动给雇主节省很多材料。当他在约翰逊家工作的时候，很让约翰逊省心，但约翰逊也很好奇。

于是完工的时候，约翰逊问他："每次都是这么认真细致地给别人工作，不觉得亏吗?"彼得淡然一笑："努力是为了自己，有什么亏不亏!"约翰逊震撼了！这句充满智慧的话，竟然是从一个普通装修工人嘴里说出来的。他知道彼得不会永远只做一个小工人，拿每个月几美元的工资的，因为他的行动已经决定了他会拿到高薪，而且终有一天会出人头地。

后来，安德鲁装修公司的效益越来越好，而彼得，不仅职位也得到了提升，他的收入也成为安德鲁公司里最高的。

可见，决定你的薪水的根本不是老板，不是企业，不是任何人，而是你自己!

薪水是我们养家糊口的根本。作为上班一族，没有人能够回避薪水的问题，特别是刚到一个新的工作环境，虽然大多数人嘴里总是以遵照企业规定来回答，但在内心里，多数人都很在乎收入的高低，待遇的好坏。但是一定要明白，自己的薪水不是由别人决定的，而是由自己决定的。你能创造多大的价值，你就能拿到多少薪水。

韩国现任总统李明博就是一个非常明白这个道理的人。

他大学毕业后就加入了现代集团，从基层做起，凭借个人努力成为企业有史以来最年轻的领导者，并先后掌管了现代集团10家下属企业，工资收入更是打工族里的佼佼者。辉煌的经历使李明博成为韩国企业界的传奇人物，被誉为"工薪族的神话"。

有些人对李明博在现代集团的晋升速度感到吃惊，并询问他："你能快速晋升的秘诀是什么?"对于此类问题，李明博总是笑而不答。其实，连他自己都感到十分困惑，因为他从来就没有过什么秘诀，他只知道在其位谋其政的道理，自己只不过是在自己的岗位上竭尽全力把工作做到最好而已。

李明博进入现代集团只有12年就被提升为社长，他在这12年中从没有休过公休日，并且每天工作18个小时以上，相当于别人工作量的两倍。李明博曾笑言："如果这样计算的话，我等于是在24年后才被提升为社长的，所以也不能说'过快'。"

很多人从上司那里接到某项工作任务时，一般都会首先列出面临的困难，并说明目前的人力、资金、技术、信息条件有多么恶劣，预先为失败找好各种借口。如果事情成功了就会大声炫耀；若失败了，就会说："你看，当初我说什么了？"但是，李明博不同，他提出的工作目标总是超过企业领导的预想，并为实现目标竭尽全力。

李明博认为，作为一名企业员工，如果怕达不到目标，或想要炫耀自己而故意制定低目标，就是自己放弃为企业做出更好业绩、为自己创造更大价值的权利。

企业注重的目标是业绩和利润，只要员工能够取得好业绩，能够为企业创造利润，那么企业就会给予员工相应的回报。

李明博强调，员工应该像企业管理者一样去思考，像企业管理者一样查找问题，并解决问题，而且还要制定出比企业管理者要求更高的目标。他说，会长每次遇到危机就找他的理由是："李明博像我一样，不，他比我更把企业当成自己的。"

调查表明，在当今社会，有99%的人都是从一名普通员工做起，在某个企业中奠定自己职业生涯基础的。作为企业的一员，如果你想获得快速发展，就要抛开任何借口，积极地投入到自己的工作中，全身心融入到企业的工作中去，尽职尽责，处处为企业着想，与企业同甘共苦，共渡危难，把企业的事情当成自己的事情来办，真心真意地为企业付出了努力，企业一定会给你一份回报。

在IT界，马云和他的“十八罗汉”团队是一个响当当的名字，

1999年初，马云为网站起了一个众所周知代表财富的域名“阿里巴巴”，然后他对他的团队说：“我要回杭州创办一家自己的公司，从零开始。愿意回去的只有500元工资；愿意留在北京的，可以介绍去收入很高的雅虎和新浪。”他说用一天时间给他们考虑。

但不到5分钟，所有的员工一致决定：“我们回杭州去，一起去！”这就是被阿里巴巴员工戏称为“十八罗汉”的十八位开山元老。1999年3月马云在杭州的家中创办了阿里巴巴公司，他带着他的“十八罗汉”没日没夜地工作、地上有一个睡袋，谁累了就钻进去睡一会儿。可以说，那时候阿里巴巴的前途一片渺茫，但“十八罗汉”仍然忠诚地跟随马云一起创业，共同支撑着公司的发展。

今天，阿里巴巴的薪酬和当年早已不可同日而语，十八罗汉也都各自拥有着阿里巴巴的股份，一个一个都成为了千万富翁。

在职场中，许多员工在企业危难时都惧怕这种责任心带来的风险。他们往往这样认为：我还有自己的计划，不应该在一棵树上吊死。怀着这样的想法，他们纷纷离开了处于困难中的企业。在企业攻坚时刻，你选择离去；当企业处于困境，你不愿与它共患难；当企业濒临生死存亡时，你选择背弃，那么你也便抛弃了原本应属于自己的发展前途以及晋职加薪的良机。任何一名员工都要时刻牢记，当你所在的企业处于紧要关头时，一定要提醒自己坚持下去，要在困难前勇敢地承担起自己的责任，为企业尽自己的一分力，甚至在危急关头力挽狂澜，一旦企业好转，肯定会首先想到给你的回报，你拿到高薪也就没有什么稀奇。

可见，一个人的薪水多少其实是由自己决定的。你的能力，你的学历，你的经验以及你工作的态度决定你的工资的高低。你工作努力、踏实肯干，忠诚于企业，为企业创造了重大的价值，你的收入绝对不会低。

有一位工厂老板想为自己最优秀的三名工人加薪，但他还不能确定

他们中谁最优秀，于是他想出这样一个办法：在工厂车间的入口处放一颗大铁钉。

下班后，老板躲在暗处观察他的工人会怎样对待这颗铁钉。第一位工人视无睹，抬脚横跨而过；第二名工人看到了铁钉，也警觉到它可能会产生的危险，于是抬脚把它踢到了一边；第三名工人看到了铁钉，虽然这颗铁钉现在对于行人并无危险，但他还是弯腰捡了起来，转身返回了车间，10 分钟后才出来——他将这颗铁钉放进了公用原料储备箱并作了登记。

后来，老板为第三名工人加薪最多，并提升他为车间主任；第二名工人仅仅加薪，没有提拔；第一名工人只是象征性地加了一点薪水。

无论是哪一家企业哪一家老板，都不会无视你的贡献，哪怕你的贡献只是很微小的一点。因为很多时候，正是这一点微小的贡献，使你在众人中脱颖而出，让老板看到了你的价值。因而主动为你增加了薪水，提高了待遇。可见，只要你真正地努力了，用心了，认真负责地对待工作，全心全意、全力以赴地把工作做好了，实实在在地取得了成绩，你的高收入也就理所当然了。

3 天道酬勤，勤奋工作何愁收入不高

从很大程度上讲，推动世界前进的人并不是那些严格意义上的天才人物，而是那些智力平平而又非常勤奋、埋头苦干的人；不是那些天资卓越、才华四溢的天才，而是那些不论在哪一个行业都勤勤恳恳、奋斗不止的人们。同样，能获得巨大财富的也不是天才人物，而是那些勤奋努力、辛苦付出的普通人。世界上那些著名的大富豪，那些积累起巨大的家业、

构筑了庞大商业帝国的知名人物，无一不是勤奋努力工作的人。

艾丝蒂·兰黛创办了著名的雅诗·兰黛化妆品公司，被誉为当代“化妆品工业皇后”，并多次荣登《财富》与《福布斯》杂志的富豪榜。她成为全亿万富豪正是缘于她的勤奋和努力。

艾丝蒂·门泽尔1907年出生在纽约皇后区一个匈牙利犹太移民家庭，父亲经营五金店，她是家里的第九个孩子。艾丝蒂的叔叔是一位药剂师，平日喜欢在实验室里调制各种化学制剂。上世纪30年代，艾丝蒂从叔叔那里获得了一种润肤霜配方，她按配方制作出产品，然后卖给纽约曼哈顿美容沙龙里的那些女顾客。

1946年，已经是兰黛夫人的艾丝蒂和丈夫纽瑟夫·兰黛在纽约用5万美元创办了自己的公司——艾丝蒂·兰黛公司，也就是后来中文译名为“雅诗·兰黛”公司。这家公司最初只卖4种产品：清洁油、面霜、润肤液和全效润肤精华。

在兰黛夫妇创业的前两年时间里，生意做得并不大。但是他们非常勤奋，在艰苦创业的过程中，艾丝蒂·兰黛不断地向世人推销她能使人变得优雅、美丽的信念。她用精彩而富有戏剧性的推销术，为当时毫无名气的护肤品创造市场，她还创造了“买即送”的推销策略，在今天已经成为非常流行的手段。

“我一生中工作的每一天，都在努力工作。我相信天道酬勤，付出总会有回报的。”艾丝蒂说。

艾丝蒂·兰黛需要那些在闹市中心做生意的、有身份的顾客。艾丝蒂曾为自己立下“每天至少接触50张脸”的工作量底线，在人流熙熙攘攘的大街上，说服经过身边的女人，尝试自己的巧手护理。这是一个非常辛苦的工作，但她从未放弃。艾丝蒂·兰黛锲而不舍的说服工作，在1948年为她赢得了进驻美国最高级的SaksFifthAvenue百货公司的资格。也因此，从这一年开始，雅诗·兰黛的品牌赢得了高端美容用品领地的立足点。

一直到80岁，她还坚持每天工作十几个小时。论财富，她多次登上富豪榜；论生意，她的公司运转良好；论精力，她已是80岁的高龄，远远赶不上年轻人，她坚持工作让人很不理解。她解释说："我热爱我的工作，我也需要我的工作，我不舍得放下他们。我还要更努力地工作。"

雅诗·兰黛产品以其传统、品质、创新、时尚、多样性、智慧、宽容、责任的品牌理念满足了许多名媛贵妇标新立异的心愿，雅诗·兰黛作为高档美容护肤品品牌的知名度也像芝麻开花节节高，还成为了与赫莲娜和伊丽莎白·雅顿分庭抗礼的美容界三女王之一。并且一举打破了法国香水一统天下的局面。

雅诗·兰黛集团已成长为《财富》全球500强公司之一，2004财政年度，雅诗·兰黛集团的全球销售额达58亿美元，并创下连续56年年销售额增长的佳绩。艾丝蒂成为全球屈指可数的最富有的人其中的一位，雅诗·兰黛家族也成为全球最富的家族之一。

一分耕耘，一分收获。无论是谁，无论在哪里，每一次成功的背后都有数不清的汗水，每一次成功的代价都是无尽的付出和努力。没有谁能随随便便成功，除了勤奋了努力，没有更好的路途了。

对于员工而言，要想得到高收入，更需要勤奋、努力。从来就没有不劳而获的事情，也没有任何一位老板会给那些懒散、拖怠、了无成绩的员工涨工资的。高工资高收入只会来自于你的勤奋付出。

在一家著名房地产公司的培训课上，年薪100万的销售总监并没有给新招来的员工讲什么枯燥的理论知识，而是开门见山地问："你们知道我为什么可以拿100万年薪吗？"

这个敏感的话题显然抓住了大家的兴趣，他们开始窃窃私语。

"没有关系，你们尽管大胆地把你们认为可能的理由说出来。"销售总监鼓励道。

"因为你学历高！"

“我只有小学的学历。”

“因为你和公司的老总是亲戚。”“我并不知道他的妻子是谁。”

“因为你有销售的天分。”

销售总监仍然摇了摇头。

……

学员们把想到的一切理由都说了，仍然没有说中。他们怀疑总监是在和他们开玩笑。

看见学员们满脸的疑团，这位总监说起了自己的故事：

“我来北京的时候只有18岁。我们家是我们那个村予里面最穷的，因为我的父亲很早就去世了。我们读不起书，只能读到小学。那时候，村里面的人都嘲笑我没有钱娶媳妇。说来好笑，我就是为了这句话才跑到北京来的。我发誓我一定要赚足够的钱娶一个媳妇回去给他们看看。刚来这家公司的时候，规模还很小。我给他们免费发了三个月的传单，联系了一家客户才被录取的。做销售的，口齿要伶俐，但我当时的普通话很不好，曾经好几个客户因为没有听清楚我说的话，误解了我的意思，导致签约失败。”

“为了练好普通话，我找来小学课本，把汉语拼音重学了一遍，力求发音准确。普通话练好以后，我开始练胆子，你们知道的，胆大是销售人员必须具备的一项心理素质。我专门跑到人多的地方，大声地喊出自己的名字，并说自己一定要成功，一定会成功。周围的人都以为我是疯子，如果换作我，我也会这么想的，但我顾不得那么多了。渐渐地，我胆子也有了，但还缺乏经验。”

“于是，我跑到图书大厦买来所有关于销售的书籍，一本一本地读。在客户方面，我的同事有的很轻松地就可以签下一笔业务，而我往往要联系几十个客户才能成功地签到一笔业务。为了谈判成功，我想尽办法获取客户的详细资料，有一次竟然遭到客户的殴打，说我窃取他的隐私…所以，我能有今天，是我付出了比别人多十倍的努力而换来的。我年薪拿100万，靠的就是两个字：努力！”

销售总监的故事讲完了，台下响起了一片热烈的掌声。

年薪100万，不是靠的运气，也不是靠的关系，而是靠的勤奋和努力。只要你真真实实地付出了，扎扎实实地努力了，你的收入自然会高起来。自古以来，勤劳是中华民族的传统美德。任何一个人，只要在工作中任劳任怨，勤勤恳恳，就一定会得到相应的回报。天道酬勤，就是说的这个意思。也许会有人认为别人在休息的时候，我在工作；别人轻松的时候，我正承受着巨大的压力；这样拿同样的薪水，自己会很吃亏。其实不然，一个人的成功，正是在这样勤奋和辛苦中不辞劳苦地工作得来的。

"晴天一身土，雨天一身泥"。这句话是出自抚顺市望花区演武地区王晓宇汽车修理配件经销处老板王晓宇之口。对于一名汽车维修工这句话是非常之贴切的。无论刮风、下雨、阴天、晴天，只要有来修理车辆的王晓宇都要钻到车子的下面认真地做检查。价格合理、童叟无欺。正是这种不怕苦、不怕累、勤奋努力的精神才使他有了今天的声誉和口碑。

王晓宇小的时候就很喜欢动手、动脑研究，并且很喜欢车，小的时候把家里的玩具汽车都给拆了装上，装完了就又给拆了。在这一拆一装间他找的了无限的成就感，就这样他对汽车有了更浓郁的喜爱之情。在上初中的时候他对汽车修理方面就更加的喜爱，经常的看一些关于汽车修理方面的书籍。初中毕业后他也一直想找一个关于汽车修理的工作，对于理论王晓宇敢拍胸脯，而对于实践他就显得很没有底气，所以在修理行里找了一份学徒的工作。工资不过七八百元。王晓宇在学徒时候很用心，他会记住师父说过的每一句话，细心观看师父的每一个动作。当时的他也很懂事，脏活累活他都抢着干，很快就得到了师父的认可和行内师兄弟的好评。他的业务水平也一天天的渐长，由原来的学徒工变为小工，又由小工做到大工，最后变成行内知晓的名人，工资也翻了几番。

在外面的车行打拼了几年，拿出自己几年积攒下的钱在演武地区租了一个房子，开起了汽车修理部。刚开始的时候真是难，里里外外都是他一个人，白天黑夜的干。不出一年的时间他就在演武地区的汽车修理行业中小有名气，他趁热打铁以自己的知名度去507车队推销自己，很快就得到的好评，同时又被507车队的队长介绍给了其他公交车车队，他的生意一下子好起来，年收入达到20万元。

任何一个机遇都不是轻易就肯降临的，任何一个成功也不是随随便便就能得到的。它需要人们洒下艰辛的汗水，付出辛勤的劳动。天道酬勤，天意只会厚报那些勤奋、敬业和努力的人，高收入和成功都只会属于他们。

有位年轻人，2005年从深圳大学电子专业毕业后就一直从事软件测试工作，3年之后，年薪达到了10万元。

这位年轻人大学时学的是电子商务专业，主要适用网络销售等相关的职位。毕业后也曾经想过做本专业的工作，可是当时，这样的企业全国说得出名字的就那么几家，想进入实在是有点困难。并且看到同专业的同学为找工作跑了很久，也没有找到合适的，都无奈从事其他的工作了，所以他当时就打算换个专业。他利用业余时间参加了社会培训，主要学习软件测试方面的知识，因为他看到了很多公司虽然有很强的研发能力，却缺少软件测试方面的人才。后来，年轻人顺利地找到了工作，并凭借自己的实力和冷门的专业在公司中；脱颖而出，为公司做出了很大贡献。后来，他经过多次锻炼，又晋升为软件工程师。不出两年，他的薪水就高出了大学同学们5倍之多。

一分付出就有一分回报，一分努力就有一分收获。只要你也能付出勤奋、付出努力，又何必担心收入太低？你的高收入就在你的努力后面等着你。

4 努力工作，有了前途就有了“钱途”

我们努力工作有很大一部分的原因是为了生存，为了让生活过得更好，为了自己有更好的生活条件和生活环境。所以人人都希望拥有称心如意、自己想做、收入又高的工作，这无可厚非。

但是，现实却永远是无奈的，鱼和熊掌难以兼得。很多自己满意、离自己梦想最近的工作却往往收入很低，甚至还需要自己往里填钱才能维持；还有一些收入相对较高、却并非是自己想要的、甚至会因此放弃自己的梦想的工作，怎么选择？这让很多员工纠结不已，不知如何才好。

其实，“前途”是永远的“钱途”，而“钱途”只是短暂的“前途”。有了前途，你的钱途也就不用愁了。所以，选择不言而喻——前途最重要。不必太看重当前的收入，而要看以后的发展。就算当前的工作收入并不尽如人意，但是经过我们的努力拼搏和勤奋付出之后，我们会有一个大好的“前途”，那就是非常值得的。因为有了前途，我们就不用担心“钱途”了，因为我们有了前途，钱自然会来，而且来得更为轻松。

李娜第一次走上网球场是在原来的汉口新华路体育场业余体校，这个地方现在升级为了汉口新华中心湖北省网校。当时李娜只有8岁不到，在读小学一年级。

在业余体校期间，除了训练比赛用球之外，包括球拍、球衣都需要队员自己购买。此外，队员还需要支付每个月10块钱的训练费，如果进了重点班，由于要在体校吃住，训练费会上涨到40元每月。对于在长江金属制品厂和武汉长江轮船公司工作的李娜父母而言，这都是一笔不小的开支，他们当时一个月的收入也只有100多元钱。但家里人没有计较这些，而是义无反顾地支持李娜打球。

很快，李娜进了重点班，住进集体宿舍。接送的任务轻了，但照看女儿的任务更重。每天下班，妈妈李艳萍先回家把一家人的饭做好，然后骑车赶到体育场来，等女儿晚上七八点训练完，招呼她洗澡吃饭做作业，总要到晚上9点多才能安顿女儿睡下。

那时业余体校条件差，孩子们洗澡都用食堂蒸饭的陈水；宿舍就是大通间，住十几个人。夏天蚊子多，孩子们睡在厚厚的蚊帐里，仅靠两只破吊扇驱走暑气；冬天更难，天黑得早训练场没灯，为赶在天黑前尽量多练，训练到一半的李娜她们赶在5点半食堂开饭时，一手拿饭盒一手提开水瓶，飞奔到食堂，打回来的饭得先捂在被子里保温，等天黑透了训练结束时才能吃上……

就是这样艰苦的训练使李娜在网球的道路上越走越顺。但接下来，却是巨大打击：1996年，父亲李盛鹏因先天性血管狭窄去世了。父亲的去世让14岁的李娜一夜长大。这时候，也是李娜家最缺钱的时候。爸爸病重时，家里找亲戚朋友借了3万元钱。当时李娜说："妈妈，你不着急，以后我来还。"最后真的是靠李娜挣工资、奖金，把这笔钱还完了。

1999年，17岁的李娜获得了三个ITF(国际网联)单打冠军和8个双打冠军，开始靠打球有了收入，并首次入选国家集训队。2000年，WTA(国际女子网球协会)巡回赛乌兹别克斯坦塔什干站成为李娜职业生涯的第一个WTA正赛，尽管在女单首轮中落败，但与搭档李婷夺得该站赛事的女双冠军，这是中国选手首度在WTA巡回赛中夺冠。2001年，李娜在中国北京举行的世界大学生运动会上一举拿下女单、女双以及混双三个冠军。在随后的九运会上，20岁的李娜又连夺女单、女双和女子团体3枚金牌。此外，李娜还在ITF巡回赛中再添2个单打冠军和1个双打头衔。

2002年，世界排名仅列第308位的李娜在美国米德兰德的ITF比赛中八战全胜夺冠，赢得了她的第13个ITF女单冠军。但正当李娜成绩蒸蒸日上的时候，20岁的她却这时突然选择了退役。之后她进了大学读书，其后又风风雨雨、起起落落。

2004年，李娜右膝就已经受伤，休战了25个月之后才重返赛场，不过伤病一直纠缠着她。2006年温网她历史性地杀入八强，但在一年后当她回到伦敦准备冲击更好的成绩时，肋伤让她不得不放弃比赛。2008年她遭遇膝伤，在奥运会前后经历了多次微创手术。在2008年北京奥运会上，李娜历史性地闯进半决赛。其间的伤病困扰，甚至做手术没钱时还需要母亲从国内寄20万元给她。但李娜却一直在坚持。

每一滴汗水的洒出都会有一份回报，无数无数的汗水汇集在一起，迎来的，就是成功。终于，在2009年开始单飞之后，李娜开启了通往辉煌的大门。2011年6月4日，李娜在法国网球公开赛夺冠。创造了亚洲网球的新历史，并获得上千万元的奖金。她的光芒几乎瞬间盖过姚明，成为中国体育的骄傲。夺冠后14天，身价暴涨，收入的增加更是令人咋舌。

前途有了，"钱途"也就来了，随着李娜球技的提高和名气的提升，打球不仅成为她的一项事业，也成了她收入的重要来源，随着她的球技越来越好，世界排名不断向前，她的奖金和身价也一路上升：

2004年，李娜的奖金6.6万美元，WTA排名第155位。

2005年，奖金14万美元，WTA排名第97位。

2006年，奖金46.1万美元，WTA排名第30位。

2007年，奖金37.8万美元，WTA排名第44位。

2008年，奖金38.7万美元，WTA排名第42位。

2009年，奖金64.6万美元，WTA排名第29位。

2010年，奖金115.9万美元，WTA排名第15位。

2011年6月5日，奖金322.7万美元，WTA第1位。

2011年法网冠军使李娜获得120万欧元的奖金，折合人民币1138万元。其实这只是她2011年收入的一小部分，早在1月份，她就已经在悉尼站夺得中国历史上首个WTA顶级赛单打冠军，收获的10.3万美元，一月份两站比赛就收入至少119.7万美元的奖金，在WTA奖金排行榜上肯定将继续高居前两位。

从2004年起，李娜的奖金收入的基本保持着逐年上升的势头，其中06年凭借温网八强以及美网16强的成绩率先单赛季突破40万美元，之后两年虽然因为伤病影响打打停停但也有37—38万美元的收入，同时还进入“百万富婆”的行列；09年李娜吸金达到64.6万美元，第一次突破50万大关，而首次打进大满贯四强以及Top10的2010年，李娜更是一举超越百万大关，生涯总奖金也顺利突破300万元。

2011年6月4日，法网登顶，李娜一夜之间成为神话，她的商业价值也在这一刻进入了“井喷阶段”，共签下了8份代言合同。

2011年9月，李娜和澳大利亚娱乐度假胜地运营商Crown签订了为期两年的赞助合约。这是李娜的第八个商业代言。据她的经纪人埃森巴德透露，李娜前7个代言合约的总价值就达到了4200万美元（约3亿人民币），成了仅次于莎拉波娃的世界体坛第二富婆。

只要努力工作，只要尽自己最大的努力把我们正在做的工作做到最好，为自己挣下了一个辉煌的前途，还需要发愁没有“钱途”么？

所以，最重要的不是要去计较钱的多少，而是要付出扎扎实实的努力，让自己前途光明，收入自然而然就会来到。太计较收入往往会让收入越来越少，不计较收入反而会让收入越来越多。

在工作中，特别是在选择工作的时候，总有一些员工把收入的高低作为选择的重要标准之一，为了更高收入的工作会放弃一些虽然暂时工资不高但机会很好发展前途很大的工作，也就是为了“钱途”放弃了“前途”，这其实是非常不可取的。有很多时候，太计较收入时反而会让我们的收入减少，不计较收入时，收入反而会增多。这是因为我们如果不看重收入而看重发展的机会或是学习的机会的时候，我们就会更加全心全意地投入到工作和学习中去，尽心尽力把工作做到最好，就会使工作更有效率，更有成果，更有效益，我们的收入也一定会随之升高。

要记住，钱不是我们工作的首要目的，钱只是附属在我们的工作成绩和人生成就后面的附属品，只要有成功的人生，钱实在算不得什么问题。

在你辉煌的事业背后，更多的收入在静静地等待着你去拿取！

如果每天紧盯着眼前的利益，终有一天我们会连眼前的也失去，更别说以后了。但是在工作中，偏偏就有很多人不这样想。他们成天待在公司里混着日子。早上打着哈欠上班，下午盼着时间能快点到下班的钟点。有机会闲就决不做事。“反正多做少做工资都一样。”“多做了会涨工资吗？”“我只有这点工资，所以也别想我多做事。”更有一部分人，因为做了一点业务，就计算着自己能拿多少回扣，甚至因为自己拿的回扣不够满意而不惜牺牲公司的利益，这样的人，不仅“前途”没了，“钱途”也会没了。

李丽从职业学校毕业后凭自己高挑的个子和姣好的长相很快找到一家大公司当上业务员。李丽很珍惜这份工作，每天都认认真真地做好自己的本职工作。能说会道的她很快在公司站住了脚。因为做事认真，肯学，李丽很得部门经理的赏识。李丽也凭借自己的聪明，掌握了业务员的必备知识。一年下来，业绩很不错，被提拔为业务主管。但就是在她不断成功的时候，她走向错误的道路。在一次和一家大公司谈妥业务后，李丽直接向对方提出了索要回扣五十万。结果对方因为觉得李丽索要的太多而不愿再与她合作。结果可想而知，李丽被公司辞退。而公司也因此损失巨额。

其实，李丽不知道，公司已经下发文件，只等她把这笔交易做成，她就能拿到高于五十万的奖金。然而，只顾眼前利益的她没有等到这一喜讯就被辞退。无论她原来做出过什么样的丰功伟绩，都已经不存在了。

工作需要得到报酬，这本来无可厚非。但是在个人得失与公司利益同时摆在面前的时候，作为公司的员工，就不得不去衡量其中的轻重了。损失个人的利益，也许还能在继续工作中找回来，但损失了公司的利益，特别是重大利益后，个人利益是不可能再有的。因不公司利益和员工利益是一致的，所谓“锅里有了碗里才会有”企业没有利益，员工的利益又从何而来？

工作难免会有个人利益和公司利益发生冲突的时候，如果只要求个人利益而忽视公司的利益，终有一天，公司和个人利益都会失去。多做不是吃亏，少拿也不是吃亏。只有时时努力工作，替公司利益着想的人，才能得到老板的赏识，才能在工作中发挥自己的才能。也只有公司获得了利益，员工才有更高的报酬。

所以，要想拥有高收入，恰恰要先不去想收入，先努力，奋斗，为企业、为公司、为岗位多付出一份辛劳、一份心血，做出真正的成绩来，让自己拥有了光明的前途，那“钱途”自然会紧跟其后的。

5 抢抓时机，时间就是金钱

“时间就是金钱”，哲人的睿语对于今天的商场似乎更为贴切。因为时间真的就是金钱，甚至比金钱还要贵重——因为用金钱买不来时间！

每个人支配生活的一个共同之处就是每人每天有 24 小时。为什么有的人在完成任务的过程中效率很高，而其他人在面对相同工作量的时候却要拼命地争取时间呢？除却个人的禀赋差异以及机遇不同的因素之外，研究表明，最终导致职场人士前途迥异的最大根源就在于时间的利用效率上——同样工作 8 小时，时间效率利用极高的人可以处理 10 件事，而时间管理差的人最多能处理三件事，二者的放弃差高达 3 倍！一年下来，效率高的与效率低的人其产出结果的差距也就可以想见了。这也就让我们可以理解，为何在同等条件下，不同的职场人士的仕途命运会相差如此之巨大。

有两个少年天才在十三岁的时候考上了科技大学。当记者问到他们的父亲有什么法宝的时候，他父亲如是说：我对他们唯一的要求就是快。

不管是读书还是写字还是做题目，唯快能提高效率。一道题，只要会做，思考的时间不会太长，如果是太长，那肯定中间有耽误了的时间，这就是浪费。

这是一位聪明而且伟大的父亲，他不仅教会孩子做人的道理，还教会孩子从小懂得高效的意义。懂得以快制胜的秘密。唯快能节约时间，唯快能比别人机会多三分，成功也就多三分。

一位美国的保险人员自创“一分钟守则”，他要求客户给他一分钟的时间，介绍自己的工作服务项目，一分钟到了，他自动停止自己的话题，谢谢对方给他的一分钟。由于他恪守自己的“一分钟服务”，所以在一日的时间经营上，几乎和自己的业绩成正比。

寿险业务专家乔·甘道夫是世界上第一位年销售业绩超过10亿美元的人，他为什么会取得如此大的成就，他成功的诀窍就是不浪费一分一秒的时间。

当甘道夫刚做保险业时，他为了全身心地投入工作，把心爱的妻子送回娘家，然后自己在公司附近租了一间小屋，他凭着自己的热情和不懈的努力，在第一个月就签订了9.2万美元的保费。

甘道夫每天5点钟准时起床。相对于一般7点钟起床的人，一周就多工作了12个小时。另外，他每天至少还要额外工作2个多小时，如此一来，他一周至少又多工作12个小时。换句话说，一天如果按8小时的工作时间计算，仅一周甘道夫就多工作了3个工作日，一年如果按50周计算的话，他就多工作了150天，也就是5个月。除了这些时间他还把吃饭睡觉的时间减之又减，他曾说：“我最大的愿望就是不吃饭、不睡觉。对我来说，如果吃一顿饭超过20分钟，就等于浪费。”

到了年底，甘道夫决定终身从事保险事业，并与保险公司签订了合同。公司决定额外给他1.8万美元的奖金，作为对他的鼓励。

1976年，甘道夫以高达10亿美元的销售额，成为百万圆桌会议会员。当他谈到自己成功的奥秘时，甘道夫说："我成功的秘密很简单，那就是为了达到目的，我可以比别人多努力一倍、多付出一倍，我不浪费一分一秒的时间，我也不多花一分一秒的时间，而是用最少的时间做最多的事。"

推销没有什么奥秘，也没有什么诀窍，有的只是对时间的争分夺秒，毫不浪费，因为时间就是金钱。每一分每一秒的时间，都是珍贵无比，只有珍惜时间，不浪费一分一秒，利用最少的时间做最多的事情，才能真正把工作做出效益，做出成绩，才能让我们的收入增加，就像甘道夫一样。

很多时候，并非我们花的时间越多，事情的收益就越好，反倒是时间越少，效益越好，因为节省了时间成本。不把时间当回事、做事总是拖拉、懒散的员工，是不可能取得高效益的。同样的一件事情，别人花一天做好了，你花三天才做完，你说这样的效益能一样吗？你们的收入能一样吗？所以，一定要珍惜时间，高效利用时间，不浪费一分一秒，把每一分每一秒都好好地利用起来，才能真正提高工作的效率，取得高收益，也让我们的收入增加。

20 世纪 70 年代末，日本的一个年轻人开了间小杂货店。按照当时人们的经营方式，杂货店一般在夜里 11 点就都关门了。一天夜里，年轻人忙着清理货架准备关门的时候进来了几个买东西的人，年轻人接待了他们。当他们走后，年轻人又在店里多待了一会儿，结果又来了几个买东西的人。后来，这个年轻人改变了经营时间，每天营业到 12 点才关门。由于他比其他杂货店营业时间延长一个小时，因此成了附近人们夜里购物的首选地点。一年过后，他的小杂货店扩大了，其营业总额达到了 2 亿日元。他趁机发展，生意越做越大。到 2002 年的时候.他公司的营业总收入达到了 1148 亿日元。这个成就大业的年轻人的名字，叫安田隆夫，是日本赫赫有名的商人。

安田隆夫的成功只因为他每天多利用了一小时营业。奇迹的产生并不困难,只不过是比别人多利用了一个小时的时间。

俗话说:兵贵神速。商场如战场,情况瞬息万变,很多机遇稍纵即逝。所以,在执行任务的过程中,员工要有良好的时间观念,在最短的时间里出色地完成任务,创造出更多的效益,才能使自己的企业立于不败之地。

1996 年圣诞节前夕,美国曼尔登公司的一位业务员从芝加哥去旧金山进行市场调查。在火车上,一位身穿圣诞节礼服的女郎格外引人注目。同车的少女甚至中老年妇女都目不转睛地望着她那套礼服,有的还特地跑过去打听这礼服是从哪里买来的。那位业务员看在眼里,记在心里,他预感到有一笔大生意可做了。他想,在一节车厢里就有那么多妇女喜欢那位女郎的金装圣诞节礼服,推而广之,整个美国该是多么庞大的市场!

但是,当时已是 12 月 18 日,离圣诞节仅一个星期,此刻,时间变得如此重要,转瞬即逝。然而机不可失,失不再来,于是,他非常礼貌地向那个女郎提出拍张照片作为留念的请求。没想到,那位女郎欣然应允。拍完照片以后,那位业务员在最近的车站便跳下火车,向公司发出传真电报,要求公司务必在 12 月 23 日前向市场推出一万套这种服装。曼尔登公司的总裁接到传真电报后,立即召集公司的设计师,按传真过来的服装照片式样进行设计。当晚 23 点 35 分,向所属的服装加工厂下达投料生产指令,争分夺秒。日夜加班,生产出一万套“圣诞节金装女郎礼服”。12 月 22 日下午 2 点 30 分,当一万套“圣诞节金装女郎礼服”同时出现在曼尔登公司的 27 个铺面时,立即引起妇女们的强烈兴趣。她们争先恐后地购买。到 12 月 25 日下午 3 点,一万套“金装女郎礼服”除一套赠给火车上那位女郎,两套留作公司保存的样品外,其余全部销售一空,公司净赚 180 万美元。

这位业务员也理所当然地得到了自己的丰厚的回报。

兵贵神速,商更贵神速!时间就是金钱,抢到时间,就等于赚到了大钱。试想，如果这位业务员不好好把握时间，而是等着回公司以后再和领导或是总裁商量好之后再来做这件衣服，那时候，圣诞节已经过了，还会有谁抢着要买这样的衣服呢？只能等下一年圣诞节了，但是下一年圣诞节，又不知会有什么样的新鲜的服装会面世，这样的服装会来会受到欢迎还未可知，又岂赶得上现在就迅速出手，把钱赚到手了呢？

只有珍惜时间、会用时间、快速出手，才能赢得高效益。只有抢占到先机，才能赢得效益。

据报载，黑龙江某制药集团得知国家将规定禁用含PPA的感冒药后，认定这是个抢占不含PPA（即苯丙醇胺——Parallel Processing Autornata的英文缩写）感冒药市场的好机遇。他们以最快的速度组织生产以中药材板蓝根为主要原料、疗效好、价格低、不含PPA的感冒药，投入市场后，一炮打响，订单纷至沓来。仅此一招，就为这个规模并不大的企业创造了可观的经济效益。

无独有偶，2003年，安徽某药材公司从报上看到一条消息：冰雪节期间，韩国几位药商将到哈尔滨观赏冰雪景观，并考察药材市场。该公司立即作出判断，认定这是个商机。于是，他们当即乘飞机飞往哈尔滨，在有关部门的帮助下，与韩国药商接触、洽谈中药材生意。等国内一些药商反应过来时，该公司已与外商签订了1500吨桔梗的供货合同，并收到10亿美元订金。

真可谓千金得失，只在瞬息之间。市场风云变化莫测，它的任何变动都意味着市场份额的重新分配。这对企业商家来说，既是危机，又是机遇。

因此，不论是生产企业还是流通企业，在开拓市场中，都要特别注意及时、准确地捕捉市场上那些稍纵即逝的商机，动作要快，棋争一着先，千万不能犹豫不定，优柔寡断和久拖不决往往会贻误商机，失去机会，不论是企业还是个人的收益都会大大降低。

“浪费时间就是浪费生命;浪费时间就是浪费金钱”,在这个计划赶不上变化的时代,浪费一秒钟就可能失去了一次重要的机会;浪费一秒种别人就可能超过了你。人生如此,职场如此,商场更是如此。

“商场如战场”,一秒钟会有多少竞争和厮杀,一秒钟会有多少成功和失败。在很多时候,也许只不过是抢对了一分钟或是一秒钟,结果就会大不一样,就会胜败立分,输赢立现,就会收入大增,或是效益大减。所以,作为一名员工,我们只有珍惜时间,好好利用时间,用最少的时间做最多的事,提升工作的效率,随时随地抢占工作的先机,才能获得成功的机会,为自己带来更多的收入,或是一个美好的未来。

6 讲求效率,忙到点子上才有高收入

在工作中,有的人做起事来有条不紊,而有的人却忙得晕头转向,甚至加班加点还不能很好地完成任务。这时,就有必要思考一下:每个人每天所能支配的时间都是 24 小时,为什么有人工作的效率很高,而有人却在拼命地找时间时间还不够用?同样的工作,有的人能得到高收益,有的人却总是落在别人后面呢?

小张、小李二人同时时一家公司,并被安排在同一间工作室。两个人分配的工作差不多。小张每天都认认真真地做每一件事,从早到晚都在忙碌,力求任何事情都做得一丝不苟,为了某一件事情,有时甚至加班到深夜。而小李每天准时八点报到,中午喝咖啡的时间从不耽误,下午正点下班。但是每个月的业绩小李都会比小张高,收入也就比他多。

也许我们会为小张叫屈。这样一名勤劳、一丝不苟的员工竟然没有一个每天都过得轻松的人收入高。其实问题出在小李自己身上。他只知

道每天不停地忙，不停地做。从来没有检查一下自己做的是否有用，是否达到了目的。从上班开始，他就不停地忙碌，一会儿干干这儿，一会儿关心那儿。八小时的时间很快过去，却什么也还没做好。公司所需不仅有好的态度还要有好的方法的全能员工。一味地只是疲惫地向前奔跑却不知道自己到底要去向何方的人终究会迷失在自己的跑道里，他们获得的除了一身疲惫，还有越来越不够的信心。

这就是没有忙到点子上的缘故。忙要忙到点子上，忙不到点子上就是白忙，瞎忙不仅累死了，也没有好的业绩，自然也没有高收入。埋头拉车更要抬头看路，才不至于南辕北辙，跑错方向。所以，要使自己做事情的时候能有条不紊得心应手，就必须先想清楚自己要在什么时候做什么，要达到一个什么样的目的，然后制订一份完整的计划，才能取得高效率，获得好成绩。一味疲惫地向前奔跑却不知道自己到底要去向何方的人终究会迷失在自己的跑道里，他们获得的除了一身疲惫，什么也得不到。

其实很多时候使我们感到疲惫不堪的，往往不是繁重的工作量，而是因为没有养成良好的工作习惯，没有忙在点子上。比如，工作毫无计划，没有时间观念，做事不专心，办公环境的杂乱，做事拖沓，等等。这些都大大降低了我们的工作效率和质量。如果能从这些方面着手，检查、修正自己的行为习惯，并在工作中更好地实践这些良好的习惯，工作就会比以前简单轻松了许多。

还有的人做事拖沓，总认为："为了工作，我不怕苦不怕累，白天做不完，我可以晚上加班做。"就是这种思想使本来 8 小时可以做完的事情，被拖延到 12 小时才完成。两天可以做完的事，被拖延到三天才算完成。这样的员工，只会让老板觉得你做事拖拉，能力不足，那么涨薪、晋职、表彰和奖励，都与你无关了，你也别指望会有什么高收入了。

别误以为只要加班加点地工作，就能得到领导的赏识。有人认为在单位待的时间越长，越能显示自己的勤奋。其实，这些都是错误的观念，工作效率和工作业绩是最重要的，整天忙忙碌碌但不出成果，反会让上司认为你无能,不能胜任现在的工作。

一家公司安排了两个大学刚毕业的女孩小李和小孙,两个月实习期,到时候留在公司的可能只有一个人。因而两个女孩也都很努力。相比起来,小李似乎更勤奋一些,基本上每天都在加班,而且经常加班到晚上九点。而小孙却很少加班,两人的工作完成得都不错。

可是,就在大家都对小李暗暗点头时,经理却宣布最后留下来的是小孙。大家都有些不解,小李更是委屈,觉得自己不管哪方面都不比小孙差,而且比她更勤奋,加班更多,为什么公司留下她却不留下自己呢?

经理的一番话让小李和大家都无话可说了。经理说:"是的,小李更勤奋一些。可是正因为她更勤奋,所以我才选择淘汰她的。因为我给她们两人布置的任务是差不多的,小孙每天都能按时完成,而小李却总需要加班才能完成。这只能证明她的能力和效率都比不上小孙。我为公司选人,当然要选一个有能力而且高效的人才才行啊!"

小孙转正了,工资翻了一番,而小李却还要继续去人才市场找工作。

努力地干、辛苦地干、勤奋地干,一定要干出效率,才能得到认可。同样的一件事,你三天才勉强干完,还不分白天黑夜地加班,可别人一天就完成得漂漂亮亮,你说老板会认可谁呢?会给谁更高的薪水呢?

虽然许多企业和老板都不排斥加班,但也不主张盲目的、无效率无意义的加班。如果别人的工作都能在上班时间内就全部完成,而你总需要加班,那只能证明你能力不行,你效率低下,你做事没有成绩。那不仅你的工资不会增加,你的工作也会不保了。

成功的人并不是因为他每天做了多少大事情。而是专心地做好手头上的每一件小事。小的事情,小的时间,日积月累,终成大器。所以,勤奋、辛苦、努力,都是不错的,这是工作态度优秀的表现,但忙更要忙在点子上,因为忙在点子上才有效率,才是聪明的表现,能力的体现,才有价值,才有效益,也才能让自己有收益。李卫东的亲身经历就是一个很好的范例。

李卫东，1964年出生在山东省青岛市，父母都是普通工人。中学毕业后，他本人也成了青岛橡胶制品三厂的一名技工。然而，1998年春，他被列进单位首批下岗人员！

没有了工作的李卫东一月数着230元的下岗补贴开始变得烦躁起来。那时，孩子刚出生不久，妻子原本开了一个小小的服装加工店，可怀孕后她就把店转让了出去，现在已经没有任何收入。他母亲早已退休，因此时年58岁、尚在工作的老父亲又一次成了家里唯一的依靠。

对此窘境，年轻的李卫东又羞又愧，决定“干点自己的事儿”。在亲友的帮助下，他筹到了10万元启动资金，然后又设法拉来了十几万元投资。李卫东决定干自己熟悉的橡胶行业：生产汽车内胎。1998年5月，李卫东的橡胶厂终于投产了。

然而，事与愿违。1999年2月，李卫东的橡胶厂不得不很快关门。因为，一种新问世的高科技轮胎——子午线轮胎给了他的橡胶厂一个“致命”的打击——这种新式轮胎不需要安装“内胎”！对此新变化，连生产内胎的大型橡胶厂都抵挡不了，何况李卫东那只有几十人的小厂？科技的进步是无法抵抗的，李卫东输得心服口服，并因此欠下巨额债务。在一直考察市场时，李卫东发现，爆爆米花就是他一直在寻找的合适的好项目！当时，用高压锅爆爆米花的新技术刚刚从南方传到青岛，还是街头巷尾的稀罕货。与传统技术相比，新技术省时、省力、环保和卫生，爆出的爆米花口感柔软、香脆，色泽洁白、鲜亮，很受欢迎。另外，与传统的用高压炉爆爆米花的技术相比，成本也降低了，不再用煤块，改用液化气，运输和使用起来也比较方便。最重要的是，追加的投资不会超过100元！

投资少，竞争小，收益高，风险低，是否可行几天内就可以轻松地下结论。如若不可行，“撤退”时也不会赔得心痛……想到这里，李卫东心动了。李卫东很快就把“心动”转化为“行动”。后来，李卫东又突发奇想，立志要开一家“爆米花专营店”。亲友们都说他疯了，这小玩意儿露天摆摊卖事实证明养家没问题，可是，开店搞“专卖”，能赚出房租来吗？2000年6月，李卫东执意以月租3000元的价格租下了青岛市延安路142号的一个店面。不久，李卫东找人给爆米花重新起了名字——“帅香”牌爆米花！

最好的广告莫过于顾客的口碑。经附近那所中学的学生和在此候车的乘客当作新鲜事一宣传，“帅香”牌爆米花立刻成了“岛城名牌”，一时间，二三十人排队买爆米花的情形成为延安路一景。“做一家巩固一家，不能贪多，赚钱才是硬道理。”李卫东如是说。自1998年5月开始创业到今天，李卫东经历了大起大落，终于成为青岛市民有口皆碑的“爆米花大王”。李卫东说，自己的成功首先得益于找到了一个“零风险”的项目。他说：什么叫“零风险”？那就是投资少，竞争小，收益高，风险低！找这样的项目有时候就是要舍得放下面子，不怕羞，耐心而仔细地去寻找。像爆米花，过去都是农村流动小贩干的事，城里人都不屑于干。可没人干，就竞争少，就是“零风险”。

效益是什么？就是一种投入产出比。简单地说，就是成本与所获得的利益之比。有效益，才会有收入。只有投入一定，产出充分高时，才有很高的效益；或者只有当产出一定，投入充分低时，效益才会很高。“一分耕耘一分收获”，这是人们对付出后希望有所回报的美好愿望，但是如果没有好的方式方法，就不一定是像人们所希望的那样了。

忙要忙在点子上，忙到点子上才有效益，才能高收入。再怎么忙，再怎么辛苦，再怎么累，如果没有忙到点子上，像没头苍蝇一样乱跳乱忙，不仅找不到出路，最终只能是力竭而死的结局。

所以，忙要忙到点子上，不能瞎忙；干要干得有效率，不能空干；勤要勤得有价值，不能白勤！所以要讲究工作方法，追求工作效率，能干还要会干，实干更要巧干，井井有条地干，轻松高效地干，才能真正把工作干好，也就才能让自己得到高回报，得到高收入。

7 业绩第一，业绩好收入自然会高

能力第一是职场的铁律，而业绩第一却是职场的“黄金标准”。不论你多么有能力，多么努力，多么善于表现自己，如果没有业绩，也是很难使老板认可，使同事信服使收入增加的。你的高能力也不可能给你带来高收入，只有高业绩才可以。因为证实自己能力和分量的永恒秤砣，就是实实在在的业绩。

业绩是衡量人才的唯一标准。一位曾在外企工作多年的人力资源总监颇有感触地说：“所有企业的管理者和老板，只认一样东西，就是业绩。老板给你高薪，凭什么呢？最根本的就要看你所做的事情，能在市场上产生多大的业绩。”

以业绩论英雄！一个人是不是有能力，是不是该受到尊重、获得高薪、得到重用，你自己说了不算，大家说了也不算，而是业绩说了才算。

1993 年，郭士纳就任 IBM 公司董事长和首席执行官。而郭士纳出任之际正是 IBM 亏损惨重、即将分崩离离析之时。

郭士纳上任后，他的扭亏为盈的措施之一就是裁员。他在一份备忘录中说出了自己的肺腑之言：“你们中有些人多年效忠于公司，到头来反被宣布为冗员，报刊上也登载了一些业绩评分的报道，当然会让你们伤心愤怒。我深切地感到自己是在要大量裁员的痛苦之时上任的，我知道这对大家都是痛苦的，但大家都知道这也是必要的。”

不解雇政策是 IBM 企业文化的主要支柱，公司创始人老托马斯·沃森认为，这样可以让每个员工觉得安全可靠。如今，郭士纳裁员却是动了“大手术”，辞退了至少 35000 名员工。

裁员行动结束后，郭士纳对留下来的雇员说："有些人总是抱怨，自己为公司工作多年，薪水太少了，职位升迁太慢。你们必须拿出点成绩让我看看，得给我创造出更大的效益。现在，你们是否能继续留任，就要看你们的表现了。"

留下的都是能力强的员工，通过一系列的治理整顿和改革，制度和机制跟上后，员工的积极性也被极大地激发出来，每一个人都以创造业绩作为自己的责任，公司一片欣欣向荣，IBM很快振作起来。郭士纳在短短6年中重塑了IBM这个曾是传奇式偶像企业的美好形象，使IBM这个"蓝色巨人"重新挺立于世界500强企业之林，重新焕发出耀眼的光辉。郭士纳也被称为是IBM的"英雄"。

不论是企业领导还是普通员工，业绩才是硬道理。业绩才是衡量员工工作好坏的标尺。一个员工是否优秀，关键要看他所创造的业绩。想要证明自己，就要靠业绩说话，业绩才是你最可靠和最有效的通行证，才是你升职加薪的资本，才是你获取高收入的前提和基础。

2011年10月5日晚，就在苹果刚刚成功发布新一代iPhone 4S之后不到48小时，苹果官网出现了一条让人悲痛的消息，苹果前CEO、苹果公司的创始人史蒂夫·乔布斯辞世，世界为一代天才的逝去而悲伤，苹果公司更为失去他们的精神领袖而哀痛不已。这不仅仅因为乔布斯是IT业的巨星，是天才的创业者，更因为他所创造的辉煌的业绩。

史蒂夫·乔布斯，苹果公司的前任首席运行官兼创办人之一，同时也是前Pixar动画公司的董事长及行政总裁。乔布斯还是迪士尼公司的董事会成员和最大个人股东。乔布斯的生涯极大地影响了硅谷风险创业的传奇，他将美学至上的设计理念在全世界推广开来。他对简约及便利设计的推崇为他赢得了许多忠实追随者。是他成功地创造了苹果，也是他成功地使苹果从衰退的低谷走出来，是他带领苹果创造了辉煌的业绩，是他把苹果打造成了一个全世界著名的、最优秀、最时尚的大公司。

史蒂夫·乔布斯的人生充满着传奇的色彩，就像它一手创办的苹果公司一样传奇。在苹果公司35年的经历中，它的生命就像乔布斯的人生一样，经历过大起大落的波涛。1972年乔布斯高中毕业，在上了不到1个星期学的时候就决定退学，这一惊人之举在那个时代或许更像是一个不务正业充满激情的小青年儿的作为，2005年乔布斯曾经在斯坦福大学演讲时坦言：当年上学的时候他认为是在浪费自己的时间，因为他必须去学那些为了拿学分的选修课。他不想浪费时间，所以他选择了iQuit。

1976年4月1日，苹果公司诞生在一个普通家庭的车库中，年仅26岁的乔布斯与好友沃兹尼艾克共同创建了这家未来将全球市值第一的伟大公司。1976年苹果发布了苹果2号家庭电脑，这与曾经提出"普通人不需要电脑，以后全世界只需要5台电脑"概念的行业巨头IBM背道而驰。不过事实证明乔布斯是正确的，这台开创家用个人电脑先河的苹果2号赢得了消费者的抢购和业界的高度关注。随后在1984年发布的Macintosh(即麦金托什机，苹果公司最早型号的个人电脑)更是奠定了苹果电脑在家用电脑市场的霸主地位，但在随后的一年，乔布斯被自己所创办的苹果赶出了公司，也就是在此时，苹果开始走向了低谷。

截止到1997年，苹果公司已经不再拥有乔布斯在时所拥有的辉煌，亏损10亿美元的负债现状让所有所有金融投资巨头都不看好苹果，也就是在这一年，乔布斯再次被请回了苹果，出任苹果CEO(首席执行官)。

似乎奇迹就在此时发生，在不到一年后，1998年苹果扭亏为盈，不仅摆脱负债而且盈利3.09亿元，而在随后苹果公司一发不可收拾，由乔布斯亲自监督设计的iBook、PowerBook、iPod、Macbook等经典产品推出，不仅赢得了巨大的市场，同时也将苹果公司推倒了更高的巅峰上。

但是，天不假其年。在身患胰腺癌和接受过肝脏移植之后，乔布斯的健康状况一直不佳，曾经两度离职，而日剧下降的身体状况也牵动了很多苹果用户的心，当然也有行业投资者的心。2010年发布会上，当乔布斯消瘦的身体再次出现在演讲台上的时候，现场报以热烈的欢呼，乔布斯已经成为了苹果的灵魂，甚至可以说苹果公司的生命就是乔布斯的生命。

因为是乔布斯给了苹果以灵魂和生命！

截止到2011年8月10日，苹果公司已超过美孚、沃尔玛、微软等，成为全球市值最高的公司。苹果公司现在拥有的现金储备高达726亿美元，如果等值换算成GDP，那么苹果公司的价值将成为全球第三十大金融体系，与澳大利亚、奥地利、南非、阿根廷等国家等值。旷世奇才的乔布斯用自己的才华创办了苹果公司，并把它打造成了一个真正的王国。乔布斯也登上了全球富人榜，2011年福布斯财富榜公布乔布斯拥有个人资产83亿美元。

辉煌的业绩让乔布斯的逝世使全世界都为之伤悲，让全世界都为之落泪，为巨星陨落而伤心，为一代天才低头深切地缅怀。

业绩就是硬道理，业绩永远排在第一。不管在什么时候什么公司，不管你是领导还是普通的员工，不管你具有高学历还是高能力，能说会道还是经验老到，假如你不能做出相应的实际业绩，你终将被当作一枚废弃无用的棋子淘汰出局。只有出色的业绩，才能让你得到欣赏，得到赏识，得到认可，得到提拔，得到高薪。

李杰是一家纺织公司的销售代表，他对自己有着丰富的销售经验引以为自豪。他的薪酬也一直是业务员中最高的。但是近来他的业绩下滑得厉害，收入也明显降低了。有一次，他向老板炫耀，自己是如何卖力工作的，自己拥有如何好的口才，希望老板能给他加薪。可是，老板听后只是点点头，淡淡地表示认可。

李杰鼓足勇气说："虽然最近几次我都没有作出成绩，但是我拥有丰富的销售经验，拥有很多的客户，难道这些你都没有看到吗？"

"李杰，你只看到自己拥有丰富的经验，但这并不是你可以炫耀的东西，我不看经验，只看业绩。业绩，你明白吗？没有业绩，有多少经验也是零！"老板直视着他，说道。

李杰羞愧地低下了头。是的，公司讲究的是效益，是业绩，而不是看谁的经验多。李杰开始分析各个生意对象，找出与他们谈判的点。几个月后，他的销售业绩直线上升，为公司赚取了巨额利润，他的收入也大幅上升。在公司的庆功宴上，李杰和老板相视而笑，因为出色的业绩，使他们的心靠得更拢了。

业绩在任何时候都是衡量员工能力的标准，只有业绩才是你晋职加薪的资本。不管如何如何辛苦，如何如何努力，没有成绩拿出来，是不会得到认可和赏识的。一个企业考核员工能力的标准，是员工那一年或是一季的业绩。业绩上去了，员工的信誉、工资、和地位都会跟着上去。

那么，我们怎样才能创造出高业绩来呢？除了努力、勤奋、刻苦之外，还要用心。也就是用心去工作，带着思想去工作，在肯干苦干之后再加上巧干，才能真正做出出色的业绩来，才能让自己的收益也大大改善，获得数倍的收入。

刘伟在一个人口相对集中、上班族较多的黄金地段开了一个早点店，生意却并非他想象的那样兴隆。虽然上下班人流量大，但街上的小饭馆、早点店几乎一家挨着一家，刘伟的早点店因为没有特色，光顾的客人不多。

一天下午，结束了店里的工作后，刘伟决定收拾一下自己的鞋，以便舒服一些。无意间，他发现一个修鞋的小摊子生意非常好。来修鞋的人不乏衣着光鲜的白领，甚至还有打扮入时的年轻女孩，有的人越过几个摊位也来这儿修鞋。刘伟怀着好奇心过去瞧了瞧，起初没发觉什么特别之处，那个摊子的主人修鞋技术并不见得比别人强。

经过仔细观察，刘伟发现，修鞋摊子旁边放了一面镜子！来这儿修鞋的人，在等待的时候，可以顺便通过镜子看看自己，整整仪容，爱美的女人还会拿出化妆盒来补补妆；穿上修好的鞋后，还可以在镜子前走动几步，看看是否影响形象。然后，才放心地离去，

就是这一面镜子吸引了顾客！刘伟猛然醒悟，大受启发，于是立即对

自己的早点店重新进行了装修。

此后，在这里就餐的顾客都会发现，早点店除了服务周到、饭菜可口外，还在每个桌子上镶嵌了一面镜子，店里的各个角落也安装了大大小小、形式各异的镜子。除此而外，早点店还专门开辟了一间小屋子，安装了化妆用的镜子，还附带一个小水龙头。

刘伟的早点店在餐桌上安装了镜子后，立即赢得了顾客的喜欢，早餐用完后，妆也就化完了，顺便再用水龙头里的水漱漱口，不用浪费时间。所以，他的早点店每天早上都门庭若市，有的人甚至多跑一两条街也要来这儿用餐，有的人借着用餐的机会顺便看看自己当时的仪容……一位常客说："不知为什么，我一走进这个店里，就感觉眼前豁然开朗，照上一回镜子，就有了精神，然后我就可以神采奕奕地上班了。"

就这样，多了一面镜子，就让刘伟的早点店脱颖而出，吸引了更多的顾客，赢得了更多的效益。

努力工作不是要求你死板地工作，机械地工作，而是带着脑子、带着心、带着思想去努力。只有开动脑筋、带着思想的努力，才会让努力更有成就，回报更高。

他在北京最繁华、客流量最大的地段之一的一座三层楼前，被一则招租启事吸引了，启事上说：产权拥有者欲将这幢三层楼出租，年租金 40 万元.租金一次性交清。能在前门这样的黄金地段拥有一个店，就意味着拥有一棵摇钱树。但同时他又被昂贵的租金、苛刻的付款方式难住了。要知道，他只有区区能 5 万元钱，只是年租金的 1/8，如何才能一口吃下这个"胖子"呢？他冥思苦想起来。

他想到了一个富翁的致富故事，这个人是卖芝麻糕发家的，他说，糖一块钱一斤，芝麻一块多一斤，如果把糖和芝麻合制成芝麻糖，再以双倍的价格卖出去，那么，每卖一斤芝麻糖就能净赚成本的二至四倍。就这么一斤一斤地卖芝麻糖，这个人最后终于赚了大笔的钱。

这个故事给他的启发很大，于是在他的脑子里也酝酿了一个“芝麻糖”的计划。他找到房主，请房主给他45天的期限，先把5万元钱交给房主作为定金，并与房主签订协议，协议规定：45天内，他把年租金40万元交齐，若45天内拿不出房租，房主没收定金，房子租与他人。

租房协议签订后，他到一家装饰公司，凭着租房协议，他与装饰公司签订装修协议。协议规定，装修公司在25天内按他的设计思路把房子装修一新，45天后，付装修费。接着，他凭着租房协议和装修协议与5家商场签订赊销合同，又以赊账的方式购置了地毯、桌椅、厨房用具、卡拉OK设备等，总价值和装修费用达70万元，装修后的店是个中档饭店。

与此同时，他四处张贴招租广告，在不到20天的时间里，有十多位有意者前来洽谈，最终，他以140万元的价格转租出去，就这样在短短的45天之内，他通过自己“芝麻糖”净赚30万元。

做任何事情，头脑是关键。用灵活的头脑找到商机，再在有限的时间内把事情的效益提到最高，那么，你的收益不提高都难。

不管做什么行业，不管在什么样的职位，不管是领导还是普通员工，是给别人打工还是自己当老板，要想获得高收入，就要做出业绩。而做出了业绩，就不用再担心收入不高了。

第三章

努力工作机会更多，不吃亏

机会不在等待中，更不在消极中，而是在努力工作的同时去发现并把握它。

1　机会不在别处，只要努力就有

成功需要机会，这几乎是所有已经成功、还没有成功、渴望成功、正在向成功努力的所有人的深刻感受。

是的，成功需要机会，不管做什么都需要机会。没有机会再光芒耀眼的钻石也只能默默地屈居于沙石之中，永无出头之日；没有机会，再雄健的骏马也只能在山野小村里拉磨、耕地，永远不能展示它奔驰如风的风采；没有机会，再有才华的人也会终老村野，永世不为人知！所以，机会，对于人生、对于成功、对于每一个人，都至关重要。因而，许多人终其一生都在苦苦地寻找机会。

机会到底在哪里呢？其实机会无处不在，机会在任何一个地方等着你去抓住它，只是没有努力，它就不会现身而已。

一位年轻人来到一家进出口公司工作后，晋升速度之快让周围所有人都惊诧不已。一天，他的一位知心好友怀着强烈的好奇心询问他这个问题。

年轻人听后笑了笑，说道："这个嘛，其实很简单。在我刚刚到公司工作时，就发现每天下班后，所有人都回家了，可是老板依然留在办公室内工作，而且一直待到很晚。另外，我还注意到，在这段时间内，老板经常会找另一个同事帮他把公文包拿来，或是替他做些重要的服务。那之后，下班我也不早回家了，待在办公室内。虽然没有人要求我留下来，但我认为我应该这么做，如果需要，我可以为老板提供任何他所需要的帮助。这样一来，老板就养成了有事叫我的习惯，我的机会就比别人多了很多倍，我的晋升也就理所当然而啊。"

机会不在别处，机会就在我们辛苦的工作中，就在我们默默地付出里。别以为你在努力工作，而别人却在轻松享受，你就吃了亏。是的，也许你是牺牲了休息的时间，但你却赢得了比别人更多的成功的机会。所以，再怎么努力工作，你都没有吃亏，也不会吃亏。

由于12分之差没能考上大学的李素丽，到北京60路汽车当了售票员。开了一辈子公共汽车的父亲的教育，党团组织的帮助，使她渐渐爱上了售票员工作。特别是当她热情为国内外乘客服务，得到乘客赞扬时，更感到自己平凡岗位的不平凡。

李素丽始终如一地模范遵守职业道德，她以“每一条公共汽车的线路都有终点站，但为人民服务没有终点站，我会永远用自己的真情和奉献同大家一起走向明天”作为自己的工作理念，发扬“一心为乘客，服务最光荣”的行业精神，钻研业务，爱岗敬业，全心全意，真诚热情地为乘客服务，被誉为“老人的拐杖，盲人的眼睛，外地人的向导，病人的护士，老百姓的亲闺女”。李素丽热线以良好的服务，出色的成绩被全国妇联授予“全国巾帼文明示范岗”，被北京市总工会授予“首都劳动奖状”荣誉称号。

现在，李素丽已经成为一面旗帜，一个典范，一个榜样，亿万职工的排头兵，享受着人生的成功。

岗位如此平凡，成就却如此惊人，这就是扎扎实实的工作给予她的最好的回报。有人说，不就是售个票吗，还有什么业务可钻的？如果只单单考虑到售票，还真是没什么可钻的。撕票，收钱。就这么简单。但是就是这样两个简单的事情，李素丽把他做得有声有色。让外地人不迷路、让盲人不摔跤、让孕妇不担心……哪怕是这样一个小小的岗位，她力求让自己做得最好。“对内我代表北京，对外我代表中国。”正是她对自己的“高要求”，使她赢得了成功的机会，让全国人民乃至国外友人都记住了她的名字，也让她在最平凡的工作岗位上，收获了自己人生中的不平凡。

很多年轻人好高骛远，总是感叹自己没有机会。奥里森·马登很早就充满智慧地说过:机会来自于苦干。当你脚踏实地、切切实实地努力的时候,机会就会悄悄地来亲吻你了。杜邦公司创始人伊雷尔就用自己的经历再一次说明了这个道理

当伊雷尔把开火药厂的想法告诉父亲皮埃尔时,皮埃尔以为他在异想天开。在大家的印象中,这孩子从小就是个沉默寡言的书呆子。皮埃尔对伊雷尔的计划不感兴趣,让他自己解决资金、厂址和其他问题,一切由他自己张罗。随后,伊雷尔以出色的实干精神证明自己不是个空想家。他干得井井有条。他被生产世界上最棒的火药的狂想鼓舞着,一心扑在上面,东跑西颠。

他手头的钱不够,一流的设备都在法国,厂址不知道安在哪儿合适,一切都没有着落,他知道,自己不可能像小时候那样用试管和药匙把火药生产出来。但他一件事一件事地落实。首先选厂址,为了争取政府的订货,他想在华盛顿附近找地方。但是,经过一番实地考察后,他发现这里没有火药厂需要的激流、森林和花岗岩。

在美国转了一大圈,他终于看中了特拉华州的白兰地河畔,这里水流湍急,蕴涵着动力,河边的大片森林是未来的燃料,山上的花岗岩可用于提炼硝石。伊雷尔站在白兰地河边,抑制不住内心的激动,大声喊道:“我找到了!找到了!”就像哥伦布发现新大陆、阿基米得发现浮力定律时那样叫喊。

这里还有大量廉价的劳动力,无数的法国难民聚居在这里,要求的报酬比美国人低得多。他还认识了刚刚被法国政府驱逐出境的富翁彼德?波提,并说服此人入股。就连法国政府也得知了伊雷尔的活动。为了增加火药来源以便与英国开战,法国政府火药局向伊雷尔提供了先进的生产技术和设备,还督促银行家投资……总之,伊雷尔坚持不懈的努力渐渐把各个环节的设想变成了明朗的现实。1802 年 4 月,生产火药的杜邦公司成立了。

这只是个开头。生产和经营中需要解决的问题还很多。伊雷尔亲自

设计厂房的结构，让它最大限度地减轻爆炸的可能性；他夜以继日、废寝忘食地指挥基建和设备安装。经过一年紧张的准备工作，火药厂开工了。由于动力不足，试生产失败了。

当伊雷尔打算在白兰地河上游修建水坝时，有人正抢着干这件事，这些人想控制火药厂的动力源，伊雷尔通过法律手段驱逐了他们。

又过了一年，火药才成功地生产出来，它们的质量是上乘的，但它们没有名气，被经销商退了回来。伊雷尔在《华尔街日报》上向整个美国宣传：特拉华州是个打猎的好地方，这里还有杜邦公司的狩猎俱乐部，来这儿打猎的人，都会得到免费的火药。

在一阵喧嚣之后，订单像雪片般飞来了。1805 年，美国政府将杜邦公司定为军方火药的定点生产企业。伊雷尔就这样掘到了第一桶金。

机会不在别处，只在苦干中。这是被无数成功者反复证明过的一个真理。我们可以仔细观察我们周围那些“运气好”的人，就能轻易发现，他们的运气正是来自于他们的苦干。

朋友是一个高档楼盘的售楼小姐，这个楼盘的别墅动辄五六百万元一套。别墅并不好卖，但朋友却取得了很不错的成绩。“别人卖不出去别墅，你怎么运气这么好呢？”我问她。于是朋友给我讲起了她卖别墅的故事。那天，一个看房团来到了售楼处。售楼小姐的眼睛都很厉害，她们只需瞧瞧来者的私家车，再瞅瞅来者的穿着，就大概猜到对方的经济实力了。看房团来时，售楼小姐们都抢着去接待她们眼中的那些潜在客户，把一位中年女士晾在了一边——她是坐楼盘看房大巴来的，也缺乏其他客户那种盛气凌人的架势。朋友正准备接待一位开私家车来的客户，忽然一个细节吸引了她。她发现，那位中年女士在不经意中卷了卷袖口，看了看手表。正是这不超过 3 秒钟的举动，令朋友立刻改变了主意。她主动上前和那位女交谈，然后把这个楼盘中最好的一套别墅介绍给她。

这笔生意出奇的顺利，中年女士爽快地签下了合同，700 万的购房款没几天就全数到账了。而且,这位女士是这批看房者中唯一出手买房的客户。朋友顺利拿到了7万元的提成奖,这让其他售楼小姐羡慕不已。

“她无非就是当时看了看表,你怎么就知道她会买房子呢?”她们好奇地问,“她戴的是一款江诗丹顿贵族表,这款表价格至少在12万元以上,这足以说明她的经济实力远大于开10万元私家车来的客户。事后我才知道,她有一辆价值115万的宝马车,只是当天出了点小故障,所以才坐看房车来的。”朋友说。

“你可真是运气好,3秒钟时间赢得了7万元奖金。”她们羡慕地说。“可是你知道吗?平时为了能更好地了解客户,我看了无数杂志和书籍,浏览了许多时尚网站,费尽心血记住了几乎所有奢侈品的样式和价格,如果没有平时的积累,即使那块表摆在我的面前,我也认不出来啊!”朋友说。

三秒钟,一眨眼的工夫。朋友却没有忽视。这个看似运气的机会,其实是她平时在工作中为了掌握某一些细节,阅读了大量的书籍杂志,费尽心机才了解的。而朋友平时做这些,都只为了能在工作中有一定的帮助。不求能处处有用,但求需要的时候自己能用得上。

机遇缘于平时的用心和努力,机会只留给勤奋的人,财富也是一样。有了致富的机会,财富也就随之而来。

无论是工人、农民、还是艺术家,只要是在事业上有所成就的人,追问其原由,答案都只有两个字,那就是努力。“唯勤奋方能达到目的”,这是古人留下的话,也是千百年来成功的唯一途径。没有人能只依靠天分成功。上帝给予了天分,还必须有勤奋才能将天分变为天才。

曾国藩是中国历史上最有影响的人物之一,但他并非天生奇才的人物,小时候甚至还很笨,但他用他的勤奋把他天赋不足轻轻地就掩盖了。

有一天在家读书,一篇文章不知道读了多少遍了,还在朗读,因为他还没有背下来。

这时候他家来了一个贼，潜伏在他的屋檐下，希望等读书人睡觉之后捞点好处。可是等啊等，就是不见他睡觉，还是翻来覆去地读那篇文章。贼人大怒，跳出来说："你这么笨还读什么书？"然后将那文章背诵一遍，扬长而去！

但就是这样一位比小偷还笨的人，最后却成为"中兴名臣"、"湘军首领"，成为一代思想大家，成为毛泽东、蒋介石都推崇备至的"完人"。

在他的人生路上，好像处处都是绿灯，机遇似乎极为眷顾这位"笨小孩"。但真是机遇眷顾他吗？如果没有努力，他也不可能抓住每一个机遇。

勤能补拙是良训，一分辛苦一分才。机会就像一个调皮捣蛋的小孩，让你无所适从。但是，如果你明白机会只会青睐那些努力付出、勤奋刻苦的人，你就不用到处去找了。因为机遇就在你一滴一滴的汗水中，就在你辛辛苦苦的付出中。

1989 年，沈阳市燃料公司 24 岁的装卸工刘新"不幸"下岗了。已成家的他为了生计，焊了一辆"倒骑驴"，在市场上卖菜、卖鱼、运送服装。两年后，他用攒下来的 7000 元钱，和妻子金秀衣开始做服装生意，不久又改行做水果生意，但折腾了几个月，也没有挣到钱。由于刘新是"烹饪能手"，金秀衣从小也跟母亲学会了做小咸菜大花卷，最后，他们商量决定开个小饭店。这样，刘新夫妇倾尽所有，在沈阳最繁华的太原街开了家冷面馆。可是不到一年，他们不仅把投入的 7000 元全赔了进去，还欠了不少外债。

为了还债，刘新只好重操旧业，又蹬上三轮车，到处卖菜、卖鱼、卖西瓜……但刘新并没有放弃重开饭店的念头，他一直在思考：别人能做，我为什么会亏？在送菜时，他开始煞费心思地和各类饭店老板拉近乎，套生意经。在逐渐的学习和积累中，刘新发现了一个规律：凡是有经营特点的饭店，生意都很好做，而经营不好的店，大部分没有特点，没有自己的主打产品特色！他决定重返太原街开饭店。刘新看好了太原街11号的房子。这是黑龙江一个老板开的饭店，他急着要回老家。刘新用父母留给他住的房子做抵押，把那个饭店兑了下来。之后，他东借西拼凑了3000元钱，雇了几个人，粉刷了墙壁，购置了4张餐桌，这家取名为林苑小冷面店的小食店一开张，便以实惠、干净、热情吸引了八方来客。

有一天，刘新在太原街上走时，听到走在他前面的两个人说："到林苑吃小土豆去。"刘新开的是冷面店，他们却说吃小土豆，这给了刘新很大启发。他知道了他的"小土豆"很受欢迎。第二天，刘新就把林苑冷面店改名为"小土豆"酱菜馆。小土豆是东北地区的一种特产，它个头比一般土豆小得多，而土豆的清香和营养价值却比大土豆高得多。由于这个品种产量多，有很多人种植，细心的刘新慧眼识珠，立即瞄准了它。

刘新四处走访考察，收集民间烹调小土豆技术，去粗取精，细心琢磨，便利用多种药材自行研究配制出了炖小土豆汁，并加进酱油、五花肉、香菜等进行炖制。"小土豆"这道菜既有东北大碗菜的特色，口感又绝对鲜美于东北大碗菜。一时间，小土豆美食风靡沈城，生意火爆。不到两年时间，刘新赚下了逾百万资产。"小土豆"逐渐名气大振，不仅在沈阳的生意日渐红火，日进斗金，省外的人士也纷纷云集沈阳，想学习"小土豆"的制作技术。刘新又在东北连开了几个分店，个个生意红火。

如今，刘新已成为中国餐饮业的领军人物之一，拥有资产1.86亿元，商品无形资产约1.56亿元。他任董事长的"小土豆"餐饮有限公司已发展到拥有130余家连锁店、5个地区分公司，在中国商业联合会、中国餐饮协会、中国饭店协会评出的餐饮百强中名列第5位。

每个人都有机遇，但如果不加以利用，机会就会转瞬即逝。歌德说过这样一句话："瞬间的机遇，便可决定你的一生。"能否充分把握昙花一现的机会，决定你是否能赢得丰富甘美的人生。因此，刻苦努力，把握机遇，才是成功的大道。

2 只说不做，机会就会溜走

机会至关重要，机会珍贵异常。机会无处不在，但如果我们不能好好把握，只想着要满世界去寻找机会，天天喊着没有遇到机会，却不付出行动，那要会就会悄悄地溜走，理都不理你。

美国成功学家格林在演讲时，曾不止一次地对听众开玩笑说，全球最大的航空速递公司联邦快递（FedEx）其实是他构想的。

格林没说假话，他的确曾做过这样的设想。20 世纪 60 年代，格林刚刚起步，在全美为公司做中介工作，每天都在为如何将，文件在限定时间内送往其他城市而苦恼。

当时，格林曾经想到，如果有人开办一个公司，能够提供将重要文件在 24 小时之内送达任何目的地的服务，该有多好！

这想法在他脑海中停留了好几年，他也经常和其他人谈起这个构想，遗憾的是，他没有采取行动，直到一个名叫弗列德·史密斯的家伙（联邦快递的创始人）真的把它转换为实际行动。从而，格林也就与开创事业的大好机会擦身而过了。

再好的创意，再好的想法，只在心里想或只在嘴里喊，若没有付诸行动，就毫无价值可言，无论多么美妙的创意、多么辉煌的梦想，多么难得的机会，也只能任它溜走，永远不可能成真。那么，除了像格林一样羡慕别人的成功之外，还能怎么样？

光说不做，只想不行动，只嘴上说不努力，再好的机会也会溜走，这就是为什么许多天才不能成功，而许多笨人却能摘取最美的桂冠的原因。

一个生动而强烈的意象突然闪入一位作家的脑际，使他生出一种不可阻遏的冲动一想提起笔来，将那美丽生动的意象记录下来。但那时他或许有些不方便，所以没有立刻就写。那个意象不断地在他脑海中出现，然而他最终没有行动，后来那意象便逐渐模糊了，最终完全消失！

一个神奇美妙的印象突然闪电般地进入一位艺术家的心间，但是，他不想立刻提起画笔将那印象绘在画布上。这个印象占据了他的心灵，然而他总是不埋首挥毫，最后，这幅神奇的图画也渐渐地从他的心里淡去！

这个世界不乏有才华、有能力的人，但为什么成功的总是少数人？原因在于，成功的人有了想法就积极努力地去做，哪怕是失败了也不失去尝试的勇气，而失败的人，即使再有才能，也总是光说不做，从来没有努力，他们守着空想的城堡，将所有的理想都寄托在没有实际行动的梦幻里。

有很多人一直在为自己的才华沾沾自喜，抱怨别人“有眼无珠”。我真要提醒这样的人，请从今天开始，从现在开始，放弃这样的想法，而付诸于切切实实的努力。因为只有行动才能成功，光说不做，再好的机会也会溜之无影，一去不返的。

生活中我们也常常听到有人这样说：“我这么聪明，将来准会做大事的，你们就等着吧，等我有钱了，请你们吃满汉全席，再给你们每个人买一辆飞机！”言辞之间，踌躇满志，仿佛自己已经功成名就。当别人问他凭什么就能做大事的时候，他们振振有词：“知识就是力量，智慧就是财富，我知识与智慧并重，我怕谁啊！”

白日梦谁都会做，关键是要有所行动，白日梦不能当饭吃，你要想获得你想要的东西，你就得有实实在在的成绩，否则，光是有想法就能成功，那世界上岂不人人都是亿万富翁了？正如英国前首相本杰明·笛斯瑞利指出的，虽然行动不一定能带来令人满意的结果，但不采取行动就绝无满意的结果可言——你需要的不只是梦想，你还要付出切切实实的努力。有了想法就去做，这样你才能成功。

有一位名叫莱温的美国女孩，她的父亲是芝加哥有名的牙科医生，母亲在一家声誉很高的大学担任教授。她的家庭给予她很大的帮助和支持，她完全有机会实现自己的理想。她从念中学的时候起，就一直梦想当电视节目主持人。她觉得自己具有这方面的天赋，因为每当她和别人相处时，即使是生人也都愿意亲近她，并和她长谈。

但是，她什么也没有做，她在等待奇迹出现，希望一下子就当上电视节目主持人。

莱温不切实际地期待着，整天幻想会不会遇到什么奇迹，可是什么奇迹也没有出现。

另一个名叫露丝的女孩却实现了莱温梦寐以求的理想，成了著名的电视节目主持人。露丝之所以会成功，就是因为她知道天下没有免费的午餐，一切成功都要靠自己努力去争取。她不像莱温那样有可靠的经济来源，所以没有等待机会出现。她白天去打工，晚上在大学的舞台艺术系上夜校。毕业之后，她开始谋职，为此她跑遍了芝加哥每一个广播电台和电视台。但是，每个经理对她的答复都差不多："不是已经有几年经验的人，我们一般不会雇用的。"露丝没有退缩，也没有徒手等待，而是继续走出去寻找机会。她一连几个月仔细阅读广播电视方面的杂志，最后终于看到一则招聘广告：北达科他州有一家很小的电视台招聘一名预报天气的女播音员。露丝在那里工作了两年，之后又在洛杉矶的电视台找到了一份工作。又过了5年，她终于成为她梦想已久的节目主持人。

同样心怀梦想，可是为什么两个人的命运却截然不同呢？

因为莱温一直停留在幻想状态，坐等机会，她把所有的希望寄托于空想，注定一事无成；而露丝则采取行动，将理想付诸实践，最后，她终于实现了梦想。

成功不在难易，而在于"谁真正去做了去努力了"。光说不做，再好的机遇也会溜走。如果你有想法就要赶紧付诸行动，别担心失败或困难重重，人都是在不断跌倒与爬起中学会走路的。在不停地实践与追求中，你才能超越自我，成为一块闪亮耀眼的真金。

很多人心存这样的想法：人人都在命运之神的掌握之中，所以，只要等待好运降临就行了。如果这个机会是我的，那它也不会跑掉。这种消极等待的想法是一个非常可怕的念头，这不仅会使我们失去追求的热情，更让大把的机会从我们的身边悄然溜掉。并且就像我们说过的话、泼出去的水、虚度了的年华一样，这样的机会永远不会再来。如果一个人做一件事情，总要等待机会，那是极危险的。

只有弱者才去等待机会，而强者永远是主动抓住机会甚至创造机会。强者与弱者最大的区别就是强者任何时候都不会等待，而是奋起拼搏，他们深知，苦干努力才能创造机会，他们更明白，机会是等不来的，唯有自己才能给自己创造机会。

亚历山大在某一次战斗胜利后，有人问他，是否等待机会来临，再去进攻另一个城市，亚历山大听了这话，竟大发雷霆，他说："机会等得到吗？机会是要靠我们自己创造出来的。"

亚历山大从不等待，而是不断向前，没有机会就自己创造机会，最终雄霸一方。

创造机会，便是亚历山大之所以伟大的原因。因此，唯有去创造机会的人，才能建立轰轰烈烈的丰功伟绩。

有人认为，机会是打开成功大门的钥匙，一旦有了机会，便能稳操胜券，走向成功，但事实并非如此。无论做什么事情，就是有了机会，也需要不懈的努力，这样才有成功的希望。

5 年前，站在第三届全国广播电视节目主持人"金话筒"大赛的领奖席上，凭借 1.76 米的高挑身材，自然、大方的主持风格，手捧银杯时的灿烂笑容，引起了千万人的注意。从那时起，王玲玲的名字就随着电视栏目走进人们心中。多年的追寻与努力，王玲玲得到了领导的认可和观众的掌声。问她最大的感触是什么，她说："珍惜时间，珍惜机会，珍惜身边发生的每一件事。"

1997 年香港回归的时候，王玲玲幸运地被选为"1997 年香港回归大型演唱会"的主持人。对于一个正在广播学院进修的学生来说，能够得到这样的机会相当不容易。那几个月她每天早晨 5:00 钟起床，晚上 12:00 以后才睡下，甚至有时梦里念的都是台词。下了课一有空闲，她就会从兜里掏出台词对着镜子一遍又一遍地练习，有时为了一个字她会练上好几遍，直到最后能字正腔圆地发好每一个音节。有人问她就念这几句台词用得着这么费劲吗？她却说："台词的多少不是问题，因为一句台词就是一个机会。"

面对曾经的往事，她只是淡淡地说："我遇到过冷落，也曾不被认可，甚至对自己的追求曾经动摇过……这些难以忘怀的困难我都很珍惜，因为我一旦克服它们，它们就会成为我的机会，它们是属于我的财富，并且我会带着它们勇敢地向前冲。"

记得有一位名人说过："跌倒了也要顺手抓一把沙起来。"意思就是要把握任何机会让自己成长，即便是失败，也要学到宝贵的经验。复杂的工作环境、现实无情的挑战常逼得我们几乎无法呼吸，但勇敢接受各种不同挑战，也正是成长的最佳良机。因此挑战来临时，最好别说："我不会"，而是要确实把握机会、努力学习，如此才能让自己更成熟、更老练，更能适应各种压力与挑战。唯有把握每一次机会提升自己的实力，创造自己的价值，才有"机会"成为下一位令人羡慕的成功者。

在饭店端盘子，大概是许多年轻人都瞧不起、也不屑于干的职业，但有一个年轻人却喜欢上了它，并把它干得有声有色，干出了自己的风格，干到了极致。

这个年轻人叫万大鹏。2006 年，因为家境贫困，高中还没毕业的万大鹏不得不辍学，从老家来到北京打工。可是由于学历低，又没有任何特长，他一直没找到工作。有一次，他去一家超市应聘，因为穿着土气，竟被保安当成小偷给抓了起来。

万大鹏的自信心受到了很大的打击。在他心灰意冷之时，一个老乡帮他在餐厅里找了份工作。一听说去饭店当服务员端盘子，万大鹏有些不情愿，但此时的他已经身无分文，为了糊口，也只能勉强答应。

果然，干了一个星期之后，万大鹏便打起了退堂鼓。得知他要走，厨师长劈头骂道："你连端盘子这么个小事都做不好，还能干什么？赶快滚回老家吧！"

厨师长的话激怒了血气方刚的万大鹏，一向不服输的他暗自发誓：好，我就干出点儿成绩来给你们瞧瞧！

从此，万大鹏就踏踏实实地端起了盘子。渐渐地，他发现，其实端盘子也不是件容易的事，怎样报菜名、与顾客交流、向客人推荐新菜式等都是非常讲究方法和技巧的事。为此，他不惜主动牺牲休息的时间用来背菜名，练习各种待客表情，还特别注重个人仪表。很快，他清新的服务态度就博得了经理和顾客的一致好评。

不久，饭店新推出了一种叫"铁板系列"的特色菜。这种菜，光盛菜的铁板就有40多斤重，需要一名有力气而且稳重的服务员来负责。因为万大鹏的出色表现，经理就把这个"重任"交给了他。

端铁板很考验人的体力和耐力。第一天，十几趟铁板端下来，万大鹏累得是腰酸背痛，两只手臂软得跟面条似的。

晚上，躺在床上，万大鹏陷入了沉思中，他在脑海里琢磨：平时端铁板都是用双手将铁板平放在胸口，不仅姿势不好看，人也容易累着，而且速度也不快，等端到客人的面前时，早已没有了那种"噼里啪啦"、烟雾缭绕的效果，有没有什么办法可以改变一下呢？

经过反复的观察和思考，万大鹏终于想到了一个办法：那就是像溜冰运动员一样从餐厅光滑的地板上滑到顾客的餐桌前。这样，不仅上菜的速度快了，而且借助滑行时向前的惯性，也不用费太大的力，姿势也优雅多了。

办法想到了，万大鹏就开始在下班后端着空铁板偷偷地练习，效果还不错。上班的时候，万大鹏也有意地训练和揣摩滑行的技巧，因为技术还不是很娴熟，他也闯出了不少祸。有一次，因为重心不稳，铁板斜了，油水溅到了一位顾客的名贵外套上，他不得不从自己微薄的工资中掏钱送到干洗店去洗。为此，经理没少批评他，还责罚他写检讨。可是万大鹏却不气馁，他坚信，只要自己努力去做，就一定会成功。

功夫不负有心人！终于，有一天，当万大鹏端着滚烫的铁板，在一个漂亮滑行动作的俯冲下，一下子滑出了一丈多远，并帅气地在客人餐桌前定格时，全场的顾客都惊呆了，情不自禁地为他鼓起掌来。

在顾客有口皆碑的宣传下，渐渐地，万大鹏的这一独特的“滑行上菜”方式成了餐厅一道亮丽的风景线。很多人慕名前来餐厅吃饭，就是为了能亲眼看一看万大鹏的“滑行”表演。因为万大鹏的独特“绝活”，餐厅的顾客比以前增加了几倍。许多顾客看完大鹏的表演后，纷纷竖起了大拇指，说就像享受了一道美妙的“精神大餐”。

一天，几位电视台的工作人员来餐厅吃饭，看见了万大鹏的表演后惊讶不已，当即决定给他做一期节目。节目在黄金时间播出后，受到了观众的强烈反响，万大鹏的名气也更大了。

如今，万大鹏已成为餐厅的“金字招牌”，他的工资也从最初的几百元涨到了现在的3000多元，在北京、甚至全中国所有端盘子的服务员中，他都堪称是NO.1。而万大鹏，也收了十几个徒弟，专门教授他们端盘子的绝活。

从最初的“腰酸背痛”，到“举座叫好”，万大鹏凭自己的刻苦努力，解决了每天端着光铁盘就有40多斤重的菜来回穿梭让人受不了的问题。也给自己赢得了机会。

没有人没有遇到过机会，人的一生中，幸运女神至少光临过一次。当她发现人们没有准备好迎接她时，她便从门进来，从窗子出去。不要等待千载难逢的机会，机会只青睐有准备的人，这份准备只会来自于你的行动，而绝不在于你嘴上说得有多美。

1998年，微软为了进一步扩展在中国的业务，决定公开高薪招聘一名中国籍总经理。微软是世界软件巨头，加上优厚的报酬，参加竞聘的人很多。

经过初试，又经过几轮面试，最后入围的只有三个人。一个是毕业于名牌大学的博士，有好多科研成果；一个是很有经验的经理，而且正在另一家大公司任要职；而第三个人则任职于IBM，但她的学历很糟糕，甚至没上过大学，只是个中专生。

最后的面试在一间很大的房里，微软中国区的几位负责人坐在一张大桌子后面，等面试快开始时，才发现少了一把供应聘者坐的椅子。

工作人员正要去外面搬椅子，一位面试官说："就这样吧，没有椅子也好。"

第一个进去面试的是那位博士，一位面试官说："你好，请坐！"博士四周看看，并没有发现椅子，充满笑意的脸立刻转为尴尬和茫然。"请坐下来谈。"另一位面试官说道。博士更加不知所措了，"没关系，我就站着谈吧。"面试不到一会儿就结束了。

接下来是在大公司任要职那位，面试官还是要求坐下来谈，他谦恭地笑道："可能是工作人员的疏忽吧，没关系，我还是站着谈吧。"一位面试官似乎恍然大悟，"这我们工作上的失误。那就委屈你一下吧。"面试只是谈了五六分钟。

最后面试的是那位女士。她四处看了一下没有椅子，就试着说："您好，我可以去外面搬一把椅子进来吗？"一位面试官笑着答应，"为什么不可以呢？"最后，面试进行了近一个小时。

三天后，面试结果出来了，出任总经理的是最后一位应聘者。很多人很不解，她没有什么显赫学历，又是一位女士，能胜任这样重要的职位吗？

微软中国公司负责人的解答意味深长：坐的机会我们给了，但你却没有坐下就是自己的问题。我们可以给一个职位，但椅子是需要自己搬的。

而面试官给出的答案很详细：连自己去搬一把椅子的勇气和魄力都没有的人，怎么可能开拓市场？再有能力的人也需要行动才能证明。

事实也证明这位负责人的判断是正确的，这位女士就是仅用七个月就完成全年销售额130％的“打工皇后”吴士宏。

有人请你坐，就要记得自己去搬一把椅子。这就是机会的秘诀。机会就是这样调皮的东西，就算已经到走到你的跟前了，还要看你是不是有能力、有勇气抓住它。

光说是没有用的，关键在于做。不要急于表现自己，不要说得天花乱坠，先行动起来，为自己搬一把椅子，这是吴士宏获得机会的秘密，也是所有成功的人赢得成功的秘密。

3 努力提升自己，真才实学才有更多机会

实实在在的能力是成功的第一铁律。这不仅仅是职场，不管在哪个场，都是一样。我国有句名言：“宁为有瑕玉，不做无瑕石。”玉虽有瑕但终归是玉，石虽无瑕但终归是石，玉、石不可同日而语。一个有真才实学的人，尽管他会有一些缺点、毛病，但瑕不掩瑜，他终归是一个有真才实学的人。一个平庸的人，尽管表面上看起来无可挑剔，但终归是个平庸之辈。人生一世，具有真才实学才是根本，才是立足于世、立足于职场的根本。只有具有真才实学，真正有能力的人，才能拥用一大把一大把的机会。

著名的节目主持人杨澜正是凭借自己的真才实学才抓住了成功的机遇，成为了在中国家喻户晓的人物。她的名字是连同《正大综艺》、春节联欢晚会一同深深地烙在了中国老百姓的心中。

进中央电视台之前，她只是北京外国语大学的一名普通大学生，并没有太多的过人之处，但她仪态大方、沉稳上进以及她绝佳的口才，在学校也算是小有名气。如果没有这次进中央电视台的机遇的话，杨澜也可能会表现得很优秀，但却绝不可能这么早、这么快，又是这么轰轰烈烈地成名。

正如杨澜在她的书中所说的那样："如果没有一个意外的机遇，今天的我恐怕已做了什么大饭店的什么经理，带着职业的微笑，坐在一张办公桌后面了。"而这个意外机遇不是幸运女神的特殊青睐，而是她凭借自己的真才实学自己努力争取得来的。

这个机遇便是泰国正大集团结束了与几个地方台的合作，转与中央电视台共同制作《正大综艺》。双方决定要挑选一位女大学生做主持人，杨澜因为流利的英语和绝佳的口才也被推荐参加试镜。

说实话，杨澜并不被人看好，但因为她的气质较佳，加上英语超棒，口才绝好，所以才能一路过关斩将杀入总决赛。据一位导演透露，主要是评委们认为她不够漂亮，所以是否用她尚不能确定。

最后确定人选的时候到了，电视台主管节目的领导也到场了，他们要在杨澜与另外一位连杨澜也不得不承认"的确非常漂亮"的女孩子中间选择一人，这将是最后的选择。杨澜的好胜心一下子被激起，她想："即使你们今天不选我，我也要证明我的素质。"

这次考试两人的题目是：一、你将如何做这个节目的主持人；二、介绍一下你自己。

杨澜是这么开始的："我认为主持人的首要标准不是容貌，而是要看她是否有强烈的与观众沟通的愿望。我希望做这个节目的主持人，因为我喜欢旅游，人与大自然相亲相近的快感是无与伦比的，我要把自己的这些感受讲给观众听。"

在介绍自己时，杨澜是这样说的："父母给我取澜为名，就是希望我有像大海一样的胸襟，自强、自立，我相信自己能做到这一点……"

杨澜一口气讲了半个小时，没有一点文字参考，她的语言流畅，思维严密，文采斐然又富有思想性，很快赢得了诸位领导的赏识。人们不再关注她是否长得漂亮，而是被她的表现深深吸引住了。据杨澜后来回忆说："说完后，我感到屋子里非常安静。今天看来，用气功的说法，是我的气场把他们罩住了。"

当杨澜再次回到那个房间，中央电视台已经决定正式录用她了，她已经用自己的能力有力地证明了她自己。

正是这次面试改变了她的一生。

只要你是有真正拥有真才实学、真正有能力的人，的人不管在哪里，都会有机会等着你，才会在哪儿都能发挥自己的光和热。"人能到处能"，就是这个意思。

但是真才实学可不是天生的，而是辛苦努力、不断学习、提高得来的。每一个成功者的背后都有令人惊讶的汗水和心血。

那一年，她 16 岁，在西安的一所中学读书。同学中有很多人去考电影学院，她心里痒痒的，也跟着去凑热闹。可那时的她，没有任何表演基础，就连普通话也不过关，哪里能上得了台面呢？令她纳闷的是，每次放榜时，居然都有自己的名字。只是，好戏并没有在后头。虽然一路过了考试，最终她还是被刷了下来。

没办法，她只好老老实实地考大学，可从此有了演员梦。她上大二时，一家歌舞团来招人，她欣喜若狂，第一时间就去报了名。这次，她被选上了，开始了自己的演员生涯。

她参演的第一部话剧名叫《湘江，湘江》，但戏份少得可怜：她演的红军女战士说了句"红军二班"便倒地牺牲了。为了让自己"死"得更逼真，她还有意将自己摔得青一块紫一块的。话剧排好后，要到一所大学演出。有了处女作的她，特意邀了不少朋友前来捧场。剧场里，朋友们一个个睁大了眼睛，可全剧演完也没人知道她演了谁。散场后，朋友们纷纷抱怨："怎么没见你呢？"她却不无满足地说："就是那个脸抹得像黑鬼似的，送干粮袋的啊!”朋友们如梦方醒,一个嘴狠的姐妹脱口而:“原来你一上场就死了,死得也太快了吧?”

以后的日子里,她不断有机会饰演各科角色,但演的都是仅有几句台词的小人物,有的甚至根本没有台词。她却自个儿傻乐,只要有戏演就好,哪管什么主角、配角。有一次,她和一个笑星合作演小品。那个笑星竟然当着众人的面笑她:“你长得太……”她追问一句“长得太什么,你说啊!”笑星也不掩饰,直截了当地说:“长得太普通,太一般了!”她的心被深深刺痛了,却还是强作欢颜地自嘲:“是啊,我只是个普通人。”

的确,她个头不高,也不漂亮,哪个导演敢把“女一号”交给她演呢?“那就好好跑龙套吧,要是因为没演主角就成天愁眉苦脸,太不值了!”她这样自我勉励。

日子一年年过去,她依然是个无名小卒。一年秋天,她在广州拍戏,因身体不适,试了好几回都不理想,与本来就是实力派的主角一比更是相形见绌。好歹让导演满意后,她才松了一口气。可在后台换衣服时,她听见外面有工作人员在偷偷议论:“真是的。耽误了这么久!那个配角真差劲,连没演过戏的都要比她强!”听到这些话,她在换衣间里呆住了.,久久不敢开门。别人不知道自己是带病演出,心里有点委屈,忍忍就算了,可想到自己的前途一片茫然,她又怎能不伤心呢?到了晚上,大伙儿一同吃晚饭。众人有说有笑,唯独她言语比往日少了很多。这时,一位坐在她身边的前辈察觉到了,问明原因后,他耐心地安慰她:“你不要着急,你只是差一部戏。像你这种长相,年轻的时候不显年轻,但是年纪上去了也不会显老,比很多演员的艺术生命都要长,所以只要能够抓住一个机会,就可以了,你现在能做的就是增强自己的艺术表现力。”这位前辈的话,帮她调整了心态,她要求自己更从容、更热情地去面对新的角色。

终于,在距离第一次演戏12年后,一部《武林外传》让她声名大噪,剧中那个风情万种却又执著善良的老板娘佟湘玉被她演得活灵活现。随后,她又参演了《北风那个吹》,“铁姑娘牛鲜花”再次成就了她,帮她完成了一次演艺生命的蜕变。大导演张艺谋也对她青眼有加,成为新一代的谋女郎，出演《三枪拍案惊奇》。从此，她的名字开始广为人知……

她就是闫妮，空军政治部话剧团的一个“老”演员，“新”明星。如今，再以貌论她的人，恐怕反倒要被人议论了。

如果没有真才实学，如果不是自己时时提升，练就一身有超人的演艺本领，也许再过二十年，三十年，就算有了“女一号”的机会，闫妮也不可能取得成功。虽然成名是那么难，等待那么久，但她以她的努力和坚持，终究还是成功了，让那些评论她“长相平庸”的人对她刮目相看。

成功需要能力，需要真才实学，更需要不断努力，不断提升自己，使自己的确确实实具有真才实学，坚持自己的方向，就总会找到出头的机会，迎来成功的曙光。

人气天王周杰伦出生在一个生活条件并不是很好的家庭。爸爸妈妈在他5岁的时候就离婚了，他跟着妈妈。他在上小学的时候便流露出了他对音乐特有的感觉和天赋，他很喜欢钢琴，喜欢一个人安静地听音乐，这也形成了我们所看到他现在这种腼腆的大男孩的性格。可是他的学习成绩并不是很优秀，因为他想搞音乐，但音乐在台湾是有钱人的玩物，对于他来说这几乎是不可能的，所以很多人劝他好好学习，将来考一个大学，也好找工作。

但令人“失望”的是，周杰伦并没有考上大学。这样，他在高中毕业后就经人介绍到了一个餐厅作服务生的工作。但他仍然喜爱着他的音乐，虽然每月只有400元的工资，但他除了贴补家用还会拿出很大一部分去买卡带，他还是经常自己一个人静静地听音乐，并尝试着自己创作。杰伦他说他到现在只流过3次眼泪，一次是在他爸妈离婚的时候；一次便是因为在餐厅工作时因为走神，将盛着热菜的盘子打翻到一个女服务员身上，而被老板罚掉了半个月的薪水。

餐厅里有一架钢琴，这正是周杰伦最爱的。一次，当工作不忙时，他坐到钢琴前弹了一首歌，其他的服务员很是惊奇，正巧这被老板看到了，他没想到这么一个不起眼的服务生竟然有这么高雅的爱好。就这样老板让周杰伦作了餐厅的钢琴师，这对杰伦他来说可是一个不小的“提升”，他的薪水也涨到了每月1000元。从此以后他对工作充满了热爱。

周杰伦的妹妹倒是很支持哥哥的音乐创作。一次，她在吴宗宪主持的“音乐新人王”给周杰伦报了名。吴宗宪算是当时台湾很著名的音乐人，他看到了周杰伦的曲谱非常震惊，因为一首复杂的曲子周杰伦竟然谱的整整齐齐。但是，由于周杰伦的曲风非常怪异，所以在现场演出时受到了很多观众的嘘声，这也给周杰伦不小的打击。可是吴宗宪却非常喜欢这个文文静静的小伙子，他叫杰伦到他的“爱尔发”音乐公司作音乐制作助理，可所谓的这种助理，不过就是帮忙跑跑腿。但这在周杰伦看来可是他实现梦想的一个很好的开始。从此他坚定了走音乐创作这条路的决心，有功夫就像其他人请教。终于，吴宗宪把这个勤勤恳恳的小伙子提升为音乐制作人。但这对他来说是更大的考验，而他也愿意承受这份考验。每天早上，他都把他写好的歌整齐的放在吴宗宪的办公桌上。

当然，这其中他遇到了不少困难，他给刘德华创作的歌，被刘德华看都没看便扔到一边。还有他为当时台湾当红女星张惠妹量身定做的《双节棍》也被放弃。当他偷偷地看到吴宗宪撕掉他的创作稿时，他默默的地流下了眼泪，这便是他的第三次流泪。这时，吴宗宪给了他最后一次机会，让他在10天之内写好50首歌，在其中选出10首给他出专辑。他知道，老板给他下的最后通牒，而这个时候就是决定他在音乐路上生死存亡的关键时刻。果然，功夫不负有心人，他10天之内完成任务，并顺利的出了自己的第一张专辑《Jay 周》。

这个专辑受到市场出奇地欢迎，从此他也名声大噪。成为轰动全亚洲的人气小天王。而这时他只有19岁！

一个没有背景，没有学历也没有钱的人在十九岁就能成就一番事业，那就只能有一个原因——他很有才。周杰伦就是这样。他凭的是真才实学，凭的是他一身的音乐天赋，更是他对音乐的执著追求。在不懈的努力下，他向世人展示了他的才华，为自己赢得了成功的机会。

能力第一永远是成功的不二定律。所以,不要怕自己没机会,而要怕自己没才能。你现在还没有成功,那一定是你的实力还不够,因为你的能力还有待于提升,你的实力还有待于加强。如果你的能力达到成功的高度,成功也就顺理成章地来了。所以,还要更加努力,更加提升自己,使自己真正具有实力。

当你能力超群之时,也就是出头成功之日。

4 大胆尝试,在不断进取中争取机会

机会来自于努力,但更需要我们去努力争取。有句名言是:努力不一定成功,但是放弃一定失败。面对成功的机遇,争取不一定得到,但是等待却一定会失去。所以,不要怕,要敢于尝试,主动去为自己争取一切的机会,机会就能被我们抓在手里,成功也就会属于我们自己。

亚伯拉罕·林肯是美国第十六任总统,也是美国历史上最伟大的总统之一。但他的成功正是在无数次的失败之上建立起来的。你可曾知道,他失败过多次,他也失望过,沮丧过。最沮丧的时候,据他说:“我身上连一把刀都不敢带,我真怕一时想不开。”但是,最后他却改变了美国的历史。

1832 年,林肯失业了,这显然使他很伤心,但他下定决心要当政治家,当州议员,糟糕的是,他竞选失败了。接着,林肯着手自己开办企业,但不到一年,这家企业倒闭了。在以后的日子里,他不得不为偿还企业倒闭所欠的债务而四处奔波.历经磨难。

1834 年,林肯再一次决定参加竞选州议员,这次他成功了。从此,他开始了自己的政治生涯。

1835年，他订婚了。但离结婚的日子还差几个月的时候，未婚妻不幸去世.这对他精神上的打击实在太大了，他心力交瘁，数月卧床不起。1836年，他得了神经衰弱症。

1838年，林肯觉得身体良好，于是决定竞选州议会议长，可他失败了。1843年，他又参加竞选美国国会议员，但这次仍然没有成功。

面对企业倒闭、情人去世、竞选一次次失败.林肯并没有放弃。1846年，他又一次参加竞选国会议员，最终成功了。

两年任期很快过去了，他决定要争取连任。他认为自己作为国会议员的表现是出色的.相信选民会继续支持他。但结果很遗憾，他落选了。

然而.林肯没有服输。1854年，他竞选参议员，但失败了；两年后他竞选美国副总统提名，结果被对手击败；又过了两年，他再一次竞选参议员，还是失败了。

但他是一个“不会被困难所吓倒，不会为成功所迷惑的人，他不屈不挠地四向自己的伟大目标，而从不轻举妄动；他稳步向前，而从不倒退”（马克思）。1860年，他如愿当选为美国总统。

林肯的伟大，并不因为他是总统。而是他受挫，战败后仍肯去尝试，去努力竞争，朝着自己的奋斗目标一步一步地前进。如果当初失败后林肯就认命，就顺其自然，美国也不会有这样一个伟大的人物了。

不要怕，不管遇到什么样的困难，不管遇到什么样的艰难险阻，不管在什么样的情况下，都要勇敢向前，敢于尝试，获胜的机会就在你勇于进取、毫不退缩的努力里。

一位名叫康妮的小姐被美国“全国汽车公司”制造的一辆卡车撞倒。司机踩了刹车，但是卡车还是把康妮卷入车下，导致康妮小姐被迫切除了四肢，骨盆也被碾碎。

为此，康妮把汽车公司告上了法庭。但是，康妮小姐说不清楚是自己在冰上滑倒摔入车下，还是被卡车卷入车下。汽车公司的辩护律师马格雷先生，是一个老资格的著名律师。他巧妙地利用了各种证据，推翻了当时几名目击者的证词，康妮小姐因此败诉。

绝望的康妮向詹妮芙·帕克求援，詹妮芙通过调查掌握了该汽车公司近5年来的15次车祸原因完全相同：该汽车的制动系统有问题，急刹车时，车子后轮会打转，把受害者卷入车底。

掌握了这个证据后，詹妮芙和马格雷进行了交涉，希望汽车公司赔偿200万美元给康妮小姐，否则将会提出控告。

老奸巨猾的马格雷表面上同意了，但却提出自己第二天要去伦敦，一个星期后才能回来，到时再研究一下做出适当安排。

然而，一个星期过去了，马格雷却并没有露面。

詹妮芙感觉不妙，当她目光扫到日历上，突然明白了马格雷为什么要这么做：因为诉讼时效已经到期了！

詹妮芙马上给马格雷打电话，而马格雷在电话中得意扬扬地放声大笑："小姐，诉讼时效今天过期了，谁也不能控告我们了！"

詹妮芙马上问秘书准备好案卷要多少时间？

秘书的回答是三四个小时。而当时已经下午一点，也就是说即使用最快的速度，交到法院时也来不及了。

怎么办？怎么办？难道就这样认输了？

决不！

突然之间，她的脑海中灵光一闪："全国汽车公司在美国各地都有分公司，为什么不把起诉地点往西移呢？隔一个时区就差一个小时啊！位于太平洋上的夏威夷在西十区，与纽约时差整整5个小时！对，就在夏威夷起诉！"

结果，詹妮芙利用这至关重要的几个小时，以雄辩的事实和催人泪下的语言，使大陪审团的男女成员们大为感动，最终做出裁决：康妮胜诉，"全国汽车公司"赔偿康妮600万美元损失费！

"黄毛丫头"詹妮芙小姐一举击败了老资格的大律师马格雷，名扬全国！

不到最后一分钟绝不言败，永远向上，永远进取。这样我们就总会有机会。

有时候工作可能会遇到一些想象不到的障碍和困难，这就需要我们开动脑筋，大胆尝试。敢于做第一个尝螃蟹的人，就会有吃不完的螃蟹。

现在几乎每个单位的员工工资都直接打在银行卡里，不用员工自己领也不必财务一个个叫着来数着领。而率先想到这个好法子的韩颖，当初还挨了领导的批评哩。

20岁那年，韩颖从厦门大学毕业后分配到中国海洋石油总公司上班。对这个职位，很多人都是十分羡慕的。可几年后，她毅然丢掉铁饭碗，加入到惠普(中国)公司，在财务部工作。

到惠普公司一上岗，韩颖就来了个大动作。那是80年代末，员工没有工资卡，每次发工资都由两个人手工完成。同事负责点钱，韩颖负责核实。

公司有300多人，当时也没有百元大钞，厚厚的一沓钞票，一张张核实，数得她头昏眼花。韩颖心里想，每年每月都如此发工资，太麻烦了，既浪费时间，又容易出错，有什么办法可以改进呢？下班后，韩颖疲惫不堪，路过公司附近的一家银行时，她突然灵光一闪。心想：公司的员工领到钱后，还不是把大部分钱存到银行去，谁也不会一下子把一个月的工资花完。既然这样，何不让银行代发工资……次日一大早，韩颖找到银行的负责人。希望他们能为公司300多员工开户，“我将每月的工资总数直接存到银行里，员工凭存折领取工资”。

银行的人有些犹豫，因为从来没有人这样做过。

韩颖说：“这样银行会有一笔数目不小的存款，有百利而无一害，是好事啊。”经过她的再三解释和劝说，银行方面终于同意了。

但事情并不像她想象的那么顺利，每个拿到存折的员工似乎都不太满意，在财务科站着，面有愠色地议论纷纷，韩颖心里忐忑不安，直属领导传话来找她了。一进办公室，韩颖就被批评了一顿。领导说她犯了两大错误，一是为了自己省事，要三百多员工自己去取工资，二是给银行找了麻烦。

不久高层领导也知道了，通知她去。当韩颖忐忑不安地走进高层领导的办公室时，得到的却是嘉奖，高层领导大大地表扬了她的这种创新精神，并且因为她的创新，使惠普公司的财务管理来了一个大变身。韩颖这一年因此被评为惠普公司年度优秀职员。这件事，成为韩颖职业生涯的转折点。

如今，韩颖已是亚信科技（中国）有限公司执行副总裁兼财务总监。2009 年，她凭着对亚信财务管理所做出的突出贡献，成为 3 月 17 日出版的英国著名的杂志《asia CFO》（亚洲财务总监）的封面人物，被该杂志评为“亚洲 CFO 融资最佳成就奖”和“中小企业财务管理特别优秀奖”，这是此奖设立以来首次获此殊荣的中国人。

老是停留在一个地方是得不到发展的机会的，只有不断地去尝试，去找更适合自己的工作岗位，在新的岗位上不断地努力，才会获得更多的机会。

主动出击，大胆尝试，不仅能抓住机遇，获得机遇，还能创造机遇，让自己离成功更近。

他是一个从农村出来的兵，在部队里付出了极大的努力才当上了排长，而这仿佛就已把一条路走到了尽头，再向上比登天还难。他总盼望着有一天机遇从天而降，自己能飞黄腾达。可是一天又一天，军旅生活忙碌但也有些单调、枯燥。

有一天，上面传来消息，军长要来营里观摩部队演练情况，他意识到机遇来了，因为他一直是营里的先进标兵，各项技能都是一流的。于是他拼命地训练，以期在演练中一鸣惊人。可是渐渐地他发现这也是很困难的，因为营里像他这样的能手还有很多，他们的想法也许和他一样，谁不想在领导面前一显身手呢？他苦恼了许久，忽然有了办法。

这一天终于来了，大演练场上全是人，军长和各级首长坐在主席台上。他们二十几个标兵开始演练了，每个人都很精彩。轮到他时，他一开始也是动作熟练而精彩，可是中间却有一个明显的失误，以至于全场的人一片嘘声。断了表演，退出了场地。主席台上军长严肃地和营长耳语着，战友们都为他捏了一把冷汗。

所有的演练结束后，军长让人招他上台去，他便上了主席台。军长问他："是不是过于紧张了，你们营长说你的表现一直不错嘛！"

他敬了个军礼说："报告首长，不是紧张，只是对这些规定的动作有些厌倦，我有更好的动作！"

军长严肃的脸上毫无表情，又转头向营长低声说了些什么，然后营长对他说："我命令你把自己想做的动作给首长们演示一下！"

他喊了一声"是"，便跑下了主席台，跑上了演练场。

全场一片肃静，目光都集中在这个年轻人身上。他深呼了口气，然后便开始了他的表演。场上掌声雷动，就连军长严肃的脸上也露出了笑容。结束之后，军长再一次把他叫上主席台，对他赞赏有加，并表扬了营长。

从那以后，他的人生际遇便转变了，几年后，他已是副营长了。

很多时候，出其不意或是独辟蹊径往往成为成功的坦途。在别人都是优势的方面，即使再去努力也很难脱颖而出，而找到机会表现出自己独特的优势，也就找到了机遇。

遵纪守法不是循规蹈矩，成功不是为死板僵化定制的，成功青睐于那些不按常理出牌、敢于打破界限、勇于尝试创新的人。

当然，主动出击，大胆尝试，难免会遇到失败。就像这位副营长，如果他失误后军长当没这回事一样，那他就永远也没有机会展示自己了。但是不试不试你怎么会知道呢？最终他不是还是成功了吗？所以，不要怕，要勇于尝试。可能在你一百次的尝试中，会有九十九次都是失败的，但是只要你成功一次就已经足够了。相反，如果你只是消极地等待，可能一次都没有失败过，却同样一次也没有成功过，归根结底还是失败。因此，消极等待是成功的最大的障碍物。所以，不管什么时候，都不要怕，而要勇敢向前，勇于尝试，积极进取，不等待，不拖延，才能为自己创造更多成功的机会。

5 直面问题，解决问题就能赢得机会

问题意味着机遇，这是努力工作不怕吃亏的员工的最基本的观念。在工作走中，每当他们面对问题时，他们总会这样想："这里面藏有什么样的机会呢？"

越是努力奋进的人越是对问题在意，因为他们明白，问题就是机会。在他们的眼中，问题永远不是"无法完成任务"的预言家，而是"机遇"的乔装者。无论所面对的问题难度有多大，他们从来不会退缩，而是勇敢面对，坦然接受"问题"这一事实，然后对这个问题作出冷静、清晰的分析，积极行动，让隐藏在问题背后的机会浮出水面。因此，每当问题到来，他们总会说："感谢上帝！又有巨大的机遇等着我们去发现了。"而不是放下工作，中途逃避、退缩。

国际影星奥黛丽·赫本曾立志做一名芭蕾舞演员，但老师却认为她不具备这方面的才华，她痛苦极了。最后，赫本果断地放弃了这一梦想，毅然进军好莱坞。凭借高超的演技和天使般的形象，赫本成为一名深受世界各国人民喜爱的电影明星。

西班牙歌手胡利奥是誉满全球的音乐天才，但很少有人知道，在这之前，胡利奥最大的愿望不是做歌手，而是做一名足球运动员。但是事与愿违，当他一心一意训练自己的足球技能时，一场不幸的交通事故发生了，这使他不得不放弃钟情已久的足球事业，而转向歌坛方向发展。

日本著名作家井伏鳟二,从少年时代起便爱好绘画。毕业实习后他更是迫不及待地叩响了日本画家的门,却被一一拒之门外。梦破灭之后,井伏鳟二决定开辟一条新的发展之路,后来,他考入早稻田大学,最终成为一名著名的作家。

奥黛丽·赫本、胡利奥、井伏鳟二从挫折中崛起的实例,就是“对问题就是机遇”的最好诠释。

有专家调查,一般情况下,人们只使用了自身全部能力的3%,而绞尽脑汁地思谋对策时,则会调动出平时未使用的97%的潜能。所以工作中遭遇挫折和阻力时,千万不要轻言退缩。事实上,即使身陷问题深渊,只要你改变自己的思考方式,利用逆向思维,就会发现:将自己逼人绝境的困难和挫折,正是开掘无限潜能的绝佳机会,从问题中发现并把握住机遇,就能变不利局面为有利局面。

其实,把问题化为机会,并像常人想象的那么难。更多的时候,把问题化为机会,往往只需要一个想法,紧跟以实际行动就可以了。真正要做到这一点,你首先不要让错误的意识占据大脑。要正确对待工作中的困难和挫折,积极的一面赋予“问题”以新的涵义。在很多情况下,一些问题虽然高举“此路不通”的警示牌,但仔细研究你就会发现在它周围;还有比以前更好、更有利于提高工作效率的办法,这就是“机遇”。

我们工作的过程,就是不断发现问题、解决问题的过程。而一旦你解决了问题,你的机会也就来了——别人不能,你能,难道老板会忽视你的独特和超群吗?

事实上,也只有那些敢于面对问题、主动解决问题的人,才能得到老板的青睐和重用。

刘菲大专毕业后进入一家化妆品公司工作,刚刚接受完培训。公司经理决定找一个富有经验的老员工到另外一座城市去建立一个新的市场拓展点。可是当经理宣布了这一决定的时候,那些老员工都低下了头,没有人愿意去。的确，开拓新市场会遇到很多意想不到的困难，一旦砸了，自己也推脱不了责任，谁愿意去做吃力不讨好的事情呢？

就在大家沉默的时候，作为新员工的刘菲举起手说："报告经理，我想去。"

大家把目光都投向她，好像在说"老员工都不敢接受的挑战，你刚来几天逞什么能？"经理也有点不相信，说："但是，你……"经理话还没有说完，刘菲便抢着说："虽然我是新员工，但是我相信只要我全力以赴，一定能克服困难，顺利完成任务。"

出于对新员工的考验，经理同意了她的要求。下班后，刘菲听到同事在偷偷议论："她一个黄毛丫头，翅膀还没长出来，就想去飞，真是不知轻重。"刘菲也为自己一时的冲动有些后悔。回到家中，爸爸妈妈也指责她少不更事，刚去公司，不可能担当如此重任。别人的不信任反倒让刘菲越发想尝试，她想：我就不信做不好，既然你们认为我做不到，我偏要做好给你们看。

经理对刘菲的胆识很赏识，专门为她制定了一套严谨的工作方案，并在后方提供咨询服务。经过将近半年的艰苦奋战，刘菲终于在那个城市建起了一个稳定的市场拓展点，规模不断扩大，发展势头很快。公司的人都开始对她刮目相看，她也理所当然地成了那里的部门经理。

作为职场中的一员，我们要明白，只要公司存在，就永远有问题存在，我们就是为解决问题而来的。解决了问题，公司才能得到更大的发展；解决了问题，我们的能力才能得到提升，才能赢得老板的赏识，进而获得晋升和发展。

工作中不可能不遇到问题。只有勇敢面对，不逃不避，也不要犹豫不决，更不要依赖他人，而要敢于面对和迎接，敢于作出自己的判断，勇于去找办法想方法解决问题。特别是对于自己职责职范围内的事情，更要大胆地拿主意，让问题在自己那儿解决，而不是推给老板。那种凡事都畏畏缩缩、不敢大胆面对的员工，是不可能解决问题、赢得机会的。而当周围的人们都喜欢找你解决问题时，你无形中就建立起了善于解决问题的好名声，就取得了胜人一筹的竞争优势，老板必然就会知道你是个良才。这样，你才能受到老板的青睐和提拔。

从早到晚，问题总是与我们“朝夕相处，相依为伴”。然而，悲观者只看见机会后面的问题，乐观者却看见问题后面的机会。只要努力，成功对谁都是平等的。

人是制造问题的专家，也是解决问题的能手。只要能迅速娴熟地解决各种问题，抓住各种机会，我们的人生就会取得一定的成功。谁解决问题的能力更强，谁就是职场成功者。

1996 年，唐彬从斯坦福大学毕业，获得电子工程学硕士学位。2002 年，唐彬带领一个考察团到深圳考察，接待机构安排他们住进了一个度假村。

“我到深圳后用的是预付费手机。一天晚上，我手机账户内的话费用完了，在度假村里没有买到充值卡。此后我们到了天津，到了酒店还是买不到充值卡，打车跑了半小时才买到。买一张卡这么麻烦；确实让我感到意外，这个经历使我调整了考察的重点。”唐彬说，通过考察，他发现，在当时的国内，买机票、交水电煤气费都不太方便，往往需要跑很远的路，或在银行排很长时间的队。那时，电子支付在美国已被大多数人接受。美国电子支付公司的盈利模式是：向商家收取交易手续费，和银行等合作伙伴分享交易手续费，并在此基础上提供一些增值服务，可以得到更多的增值回报。

此番考察后，唐彬决定回国，创办电子支付公司。之后，易宝支付一举成功！

工作中不管什么时候，总会遇到这些或那些问题。很多员工一遇到问题就躲在一边，一是怕自己解决不了这个问题，二是怕担责任，怕“羊肉没吃成反惹一身膻”，他们相信的是“做得越少，出错越少；做得越多，出错也会越多”,因而宁愿少做或不做也不愿多做、做错。这样的员工其实不知道,不做不会出错是对的,但不做也不会有任何的机会！机会往往就在问题背后,当你直面问题,你才能抓住机会。

当然,解决问题自然不是一件容易的事,要完满地解决问题,就要学会想办法。方法总比问题多,只要你愿意去想办法,就一定会有办法。洛克·菲勒曾经说过:“思路一转变,原来那些难以解决的困难和问题,就会迎刃而解。”

20世纪60年代初期,中国某大学一个研究室遇上一个难题:一台机器里有一个由100根弯管组成的固定结构,要弄清其中每一根弯管各自的入口与出口,但又没有任何图纸资料可参考,真是一件很难的事!

研究室负责人当即召集有关人员攻关。他提出,完成这一重要任务,时间既不能拖得很久,花钱又不能太多。他希望大家广开思路,不管是洋措施还是土法子,一定要想出一个简便易行的办法来。

参与此事的人纷纷开动脑筋,分别提出了自己的奇思妙想,比如:往每一根弯管内灌水、用光照射等。有的人甚至还提出让蚂蚁之类的小昆虫去钻一根一根的弯管。大家提出的办法虽然都是可行的,但都很麻烦费事,要花的时间和付出的代价也不少。

后来,一位清洁工提出,只需要两支粉笔和几支香烟就行了。他提出的做法是:点燃香烟,大大吸上一口,然后对着管子往里喷,喷的时候在管子的入口处写上“1”,这时让另一个人站在管子的另一头,见烟从哪一根管子冒出来,便立刻也写上“1”,其他管子也都照此办理。不到两个小时,100根弯管出入口就都弄清楚了。这位清洁工名声大振,被调到工程处去了。

在任何一家企业,能够主动找方法解决问题的人,最容易脱颖而出。方法能为人解除不便,让他人有更大的发展,更能给企业创造最直接的效益。任何企业的老板,都会格外重视想方法帮企业解决问题的人。也就是说，如果你能努力在工作中想办法解决问题，你的机会也不来了。

马博是某食品公司的业务主管，一次考察发现了对公司极为不利的情况，这让他汇报时都心事重重。

经理也意识到了问题的严重性，着急地问道："情况糟到什么程度，有没有挽救的可能？"

"有！"这回马博回答得倒是十分干脆。

马博这才把他考察到的情况汇报给经理："我这次去了解到，这个客户之所以不用我们厂的产品，主要是因为他们已经答应从另一个乡镇企业进货。"

"竟有这样的事！那你怎么看呢？"经理问他。

"我想是这样的，我们公司的产品应该比乡镇企业的产品有优势，我们的产品不但质量好，价格还很公道，在该省已经具有了一定的知名度。"

"所以说，我们肯定能变不利为有利。最重要的是，当地的客户多年来使用我们公司的产品，与我们有很好的合作基础，这是我们的优势所在。但该客户答应与那个乡镇企业订货，主要是因为那个乡镇企业距离他们较近，而且可以送货上门。这一点，我们不如那家乡镇企业，我们可以直接到每个乡镇去走访，在每个乡镇找一个代理商，这样问题就解决了。"

"小马，你想得真周到，不但找到了症结所在，还想出了解决的办法，要是公司里的员工都像你这样有责任心就好了。"经理听了他的办法，由衷地说。

不久，马博调到销售科专门从事产品营销，公司的产品销量节节上升，马博也越来越受到重视，很快成了公司的业务骨干。

问题的背后就是机会。在公司中，主动找方法解决问题的人总是最受欢迎的。不管是国内还是国外，只要有这样的人出现，他们就能够像明星一样闪耀。哪怕他们没有刻意追求机会，机会也会主动找上门来。

从思想上认识到“问题”积极的一面，还远远不够，还要从行动上开始——勇于挑战问题。要做到这一点并不容易，需要做到以下几点：

第一，必须在自己的心理上向问题宣战，要以百倍的信心从挫折的阴影中走出来。只有走出阴影，才能看见前面那方晴朗的天空——最有利的机遇。

第二，不要对已取得的成绩沾沾自喜。问题不是解决了一个就永远消失的，随着工作的进展，它会以不同的新面孔出现。所以，今天，你要尽最大的努力去挑战问题；明天，你则要尽更大的努力去挑战更大的问题。也就是说，你应该时刻保持“从问题中寻找机会”的意识，这样，“问题”才不会成为你“高效工作”的障碍，而是你走向更大成功的垫脚石和跳板。

第三，在挑战问题的同时，还需要培养敏锐的洞察力，密切观察问题，认真分析问题，找到问题的最佳解决方法，这才是把问题化为机遇的关键环节。

有一个单位，开会的时候，领导在上面讲话，底下的职员各行其是。

“小李，别讲话，听我说！”

“张小姐，你能否等一下再剪你的指甲？”

“老王，我说什么你清楚吗？”

……

这样的话，局长每次开会都要说。这让他感到很郁闷，提醒也提醒过了，骂也骂过了，甚至也宣布要对开会时不注意听的人进行惩罚，可是没用。

局长实在没了脾气，便找到办公室主任，让他想办法建立一套制度，彻底解决这个问题。

事情明摆着，这就是“法不责众”。如果一个一个地去抓，抓到后就处理？那这个会还怎么开？好，就算抓了，也处理了，下一次你能保证不再出现？建立制度？什么样的制度能管得这么死？难道让大家只能像个小学生一样，双手背在后，头扬起，眼睛注视前方？不可能的事嘛！何况，就算控制得了大家的行为，你又怎么去控制他们耳朵里听什么，脑子里想什么？

这位办公室主任可是个人精，解决难题的老手，他在五年内连升三级，以点子多、点子绝而出名。所以这样的难题虽然确实难，却不足以让他却步，他关起门来想了三天，从各个方面入手，把每一个细节都想到了，办法还真是被他想出来了！

当局长问这位办公室主任关于开会的纪律拟定了没有，什么时候交上来看看时，他笑着说："不需要什么一套方案，很简单，以后开会时您不要秘书参加，而是指定参会中的某人来记录，开完会后再宣布，这次由谁来负责整理会议记录……"

对于工作，当然是谁负责任谁就会高度关注。那究竟谁负责任呢？上面不说，下面就只能假想很可能会是自己。现在只抓一项工作——会议记录，只盯一个人——他是否能把会议记录做出来。做不出来，就交不了差，也无法说明自己参加会议时是认真的。

真是太高妙了！没有比这个办法更好的了。从此这个局里开会时再也没有一个人心不在焉了。困扰多时的工作难题，被这位点子多的主任轻松搞定。全局的人这回是真的服了他了。当然，他的机会也绝少不了的——不久之后，他升任副局长。

问题就是机会。你解决了问题，你就赢得了出头的机会。你为老板解决了问题，老板就会对你刮目相看，你的机会也就来了。因为只有那些敢于面对问题、主动解决问题的人，才能得到老板的青睐和重用。

小张和小王是同一所大学同一个班的毕业生，应聘到同一家公司。小张专业知识更强一些，且认真努力，小王很聪明，但学习不如小张认真，成绩也一般。

一开始，他们做同样的工作——销售。有一个月，公司的销售额严重滑坡，销售经理就让下属分析原因，并提出建议。结果，小张提交了一份非常可行的报告，分析了公司的现状及竞争对手的举措，而且提出了非常可行的建议。小张得到了重用，一年后，被提拔为销售部经理，而小王仍然在原来的位置上做事。

能解决问题是职场的王道。解决问题的能力是通向成功的必要条件。

什么决定你的职场浮沉和人生输赢？答案只有一个，就是做一个善于解决问题的人，做一个解决问题能力够强的人。

你努力工作，全心全意、想尽一切办法为企业解决了问题，你就会赢得更多的升职、加薪和更好的工作的机会，肯定不会吃亏的。因为，企业需要的，是能解决问题的员工；机会青睐的，也是勇于解决问题的人。

6 别怕加班，机会就在你多干的这一会儿里

很多人都讨厌加班，认为那是剥夺了自己工作之外的时间，可是卡洛·道尼斯却认为：加班不亏，加再多的班也不会吃亏。

卡洛·道尼斯最初为杜兰特工作时，职务很低，现在已成为杜兰特的左膀右臂，担任其下属一家公司的总裁。他的升迁之道可以说是“加班”换来的。

在回答记者关于他成功秘诀的问题时，卡洛·道尼斯平静而简短地道出了个中缘由：在为杜兰特先生工作之初，卡洛·道尼斯就注意到，每天下班后，所有的人都回家了，杜兰特先生仍然会留在办公室里继续工作到很晚。因此，卡洛·道尼斯决定下班后也留在办公室里加班。其实，白天的工作卡洛·道尼斯完成得很出色，他完全没有必要加班，也没有人要

求他这样做，但卡洛。道尼斯认为自己应该留下来，在需要时为杜兰特先生提供一些帮助。

事实也的确如此，卡洛·道尼斯说："工作时杜兰特先生经常找文件、打印材料，最初这些工作都是他自己亲自来做。很快，他就发现我随时在等待他的召唤，并且逐渐养成招呼我的习惯……"

道尼斯自动留在办公室，使杜兰特随时可以看到他，并且诚心诚意为他服务。这样做获得了报酬吗？没有。但是，他获得了更多的机会，使自己赢得老板的关注，最终获得了提升。

加班必然要多付出一些 但是自愿留下来加班是可以为你的将来储存能量的，在加班这个冷静的环境里恰好能活跃工作的思维。因为在办公室的氛围中制订工作计划和下定决心，远比坐在咖啡桌前空想要现实得多。

加班同时也是减压的方式之一。你可以借加班之机，处理那些被一再推迟的琐碎小事。当你独自留在办公室里，正是绝佳的"还债"时机，把平时积累下来的工作项目整理出来，对自己的发展只会有利。

每个人都想找到一个攀升的机会，可是却吝啬着不肯付出。其实机会总是乔装隐藏在你的周围，如果你多花些时间，必然能把握住它。如果你要将身体锻炼强壮，唯一的途径是付出辛勤的努力；同样的道理，如果每天多做一点，那么不仅能显示自己勤奋的美德，还能获得更多工作上的锻炼，不断积累知识和经验，给自己创造潜在的机会。公司在成长，个人的职责在扩大，当额外的工作分配给，你时，不妨视为一种机遇，努力把工作做到最好。

能每天加班的人表明他很重视这份工作，加班也可以把一天的工作进行总结，并进行第二天的规划，当第二天上班时，当别人还在想着今天应该做些什么时，他已经比别人超前了，这就是优势。当然我们还需要学习专业知识，拓展自己的知识面，一些看似无关的知识往往会对自身发展起到意想不到的作用。

所谓"笨鸟先飞早入林"，一个能付出的人才有收获。也许你的投入无法立刻得到相应的回报，但不要气馁，回报是在不经意间降临的。“每天多做一点”，以积极主动的态度去迎接工作、做好工作，那么你的回报迟早都降临的。

对待加班问题，仁者见仁，智者见智，有些人认为加班的人是不能很好完成工作的人，但也有些人认为加班是另用额外的时间为自己以后的路作铺垫的最好时机。不论加班的长短是非，能多做一分，必然多收获一分，这才是加班是福的内涵；

几年前，张先生进入某金融公司工作。不料，一周后他的梦想就从云端跌至低谷！“小张，帮我们订个饭呐！”“小张，你来看看这个电脑，怎么录入不了？”——新人入职，大家把他当打杂的使了。“好，马上来！”张先生总是笑呵呵地答应，还迅速办妥。看他乐于吃苦，大家继续把“苦差”交给他，比如总公司开会学习新上的系统，派他去；去外地学习，还是派他去。“很多人怕出差，我把每一次出差当作一次旅行，”张先生从不叫苦喊累。

“他几乎每天都要加班，周末也不例外！”女友说，“很长一段时间里，我以为他们公司没有双休。”久而久之，他成了公司里的一头“小黄牛”，别的部门遇到难题，也会想到他。而他也学到了很多东西，了解了本部门之外很多事情，成了一个“全才”。去年，公司推出竞争上岗，业务部门总经理来“挖”他，办公室也想留他，并提他做部门主任，他成了一个不折不扣的香饽饽。

在讨论“吃亏”这个话题时，不少人认同“吃亏是福”这个观点。“在工作中吃亏了，这亏是什么呢？”无非是比别多做了一点事情，做了分外的事情。可是，每一个人在“吃亏”的同时，其实也得到了收获，“你吃亏时，你的领导、同事会看到眼里、记在心里的”。此时吃亏人唯一需要做的是，继续勤劳下去，把这“亏”吃下去，达到由“量变到质变”的积累，这样自然而然的“福”就来到了。

第四章

努力工作积累经验，不吃亏

经验是职场最大的资本，努力工作就是积累经验最好的方法。

1 经验就在努力中不断积累

经验是什么？经验就是你在工作中通过实实在在的经历所积累起来的对于工作的正确看法和做法。错误的看法或是做法，人们一般叫做教训，其实这也是一种经验，因为它也是从真实的经历中实实在在体会到的东西。因为是真实的体验和感受，因而尤其地珍贵和难得。这样的经验是在其他的任何地方都得不到的。

经验实际上就是从实践中得来的知识或技能，是人们在实践中对客观事物的感性认识和体验，可操作性强，是工作中最用得着的东西。因为有经验，所以我们就能轻车熟路、轻松工作。这也正是为什么现在的企业总是需要“有经验的员工”的重要原因。

越来越多的企业认识到了经验的重要性。你满大街地看看，哪一家招聘的广告不是特别注明了“要有经验的员工”？因为学习和培训应当是入职前的必修课，有哪一家企业愿意从头培训你呢？比如一个是普通大学毕业生，但有一年的工作经验了，一个是北大的应届毕业生，什么经验也没有，相信很多企业还是会选择前者，因为这样的员工一上班就能为企业带来效益，而不是带来损失。所以，经验真的是比学历还重要、还有用的东西。

当你在寻找一份工作时，你最看重的是什么？是工作带给你的薪水呢？还是工作带给你的学习和成长的机会？

现在也有越来越多的员工意识到了经验的重要性。特别是对于许多刚毕业的大学生来说，对第一份工作的要求已经开始从以薪金为标准向以经验为标准转变了。

好工作还是坏工作？入职报到第一天，齐鸣就给它下了定论。

人事部门通知他入职的那一天，他上午9点准时到公司等候，等了人事部主任两小时，等到分管部门领导时已经是下午。分管领导领着他走进办公室的时候，多数人压根儿没抬起头来，他老老实实一个人坐在办公桌前熟悉了半天的环境。似乎没有人注意他，更别说重视他。

会务、记录、整理分发来信，一个多月以来，工作不重复却一成不变。“实习期间都是被当成一个半人来使的，那才是受重视的感觉”。

辞职！齐鸣打电话给老爸通知了自己的决定，老爸在电话那头暴跳如雷：“你给我在那待着！”

第二天早晨，躺在床上，齐鸣就像个小孩一样，用一个又一个理由劝自己起来上班。“反正我才刚毕业，干什么都是学习”，齐鸣自己对自己说。

为了每个月三千块钱的薪水，他过得并不快乐。找工作的漫长历程早磨光了齐鸣的各种想法。最初，“符合个人兴趣”是他求职的首要标准，后来变成了看薪酬，再后来，他告诉自己，第一份工作就是“积累经验”。有了这样的心态后，齐鸣不再讨厌工作了，而是想方设法改进工作，哪怕是整理来信，也找出一种更方便，效率更高的方式。而且对于不是他分内工作的事情，也积极努力地去参与，去帮忙，从中学到了很多的经验，也让自己更充实了。

有一家报纸专门就求职人员的心理进行过一次调查，发现53.7%的青年认为第一份工作主要“积累经验”。只有31%的青年把重点放在“挣钱”上。

经验确实比薪水更重要。就像出万元高薪让一位大学生去扫地一样的。工资是够诱人的了，但是这份工作能带给他什么呢？乐趣？技巧？经验？创造性？什么都没有，除了一份高工资。这样的工作很可能只是折磨。所以，聪明人宁愿选择工资不高但能让自己提高的工作也不愿去那些工资很高却只会让自己饱受折磨的工作来做。

“轻松会计网”推出一个活动,叫“0元人民币向应届大学生出售工作经验”,具体做法是让大学生按网上提供的某公司资料从事实践工作,如果几个月下来合格的话,这个公司可以出具作经验证明。“经验”也可以出售,这不失为一个好的创意。在现实工作中,你无须去买经验,反倒有人给你薪水让你学习和积累经验。可是,很多人却看不到这个学习机会的价值。

经验从哪里来?当然是从努力中来,从苦干中来。丰富的工作经验就是纵横职场的镀金名片,但经验却又恰恰只能从职场上得到,所有的经验都来自工作。工作能为我们带来丰富的工作经验,反过来,丰富的经验也会为你保住手中的工作。

某一天夜班,车间的一台设备出了故障不能正常运转,这时维修工正好有事请假。操作这台设备的员工,根据自己多年的操作经验以及对设备说明书的琢磨学习,硬是把故障排除了,从而确保了生产任务的顺利完成。

一年后,公司由于经济不景气决定裁员,这位员工认为自己年纪一大把了,公司裁员肯定会裁到自己头上。出人意料的是,只有他被经理指名留了下来。

被裁的员工十分不满,找到经理讨要说法,经理说:“他有丰富的工作经验,他能为企业创造更大的价值,这些都是你们无法企及的。”

美国一家公司的总裁曾说:“如果雇员桌子上一台价值2000美元的台式计算机不见了,公司可能不会对此事展开调查。但是如果一位掌握着各种客户关系、年薪十万美元的经理被竞争对手挖走,就一定要展开调查。因为这才是企业的根本,企业的宝。”

不要总是认为自己多干一点就是吃亏,其实“吃小亏,可以获大利。”丹麦某知名品牌武汉办事处主任艾伦以其亲身经历告诉大家,多干其实不是吃亏,而是让自己得利的一件事。

当年和他一起削尖了脑袋在公司主动找事做的三个同寝室兄弟，如今的年收入，都已经达到七位数，“与此形成鲜明对比的是，另外一个寝室的两位，每天上班混点下班娱乐的小伙子，现在仍然还在过和当年差不多的生活”。

和许多知名企业一样，艾伦当年所在的公司，每个人只做一个节点上的工作，对于之外的领域，完全没有机会涉足，工作做久了不免遇到平台狭窄的局限，为了得到更多的锻炼，艾伦在漂亮完成了自己的分内事后，对于其他部门的工作义务协助，非常尽心尽力，巴不得加入每一个环节的工作，甚至主动要求为其他部门加班，“我们还主动给设计部的美眉买汉堡包，以此‘贿赂’她们让我们加入”。

“对于一个年轻的职场人来说，多做是福啊！”艾伦表示，多做，也得动脑子，善于总结经验，而不是当一个被呼来唤去的打杂工。因为只有在努力工作中积累更多的经验，才能真正在以后的工作中为自己获利。

越是新入职的员工，越要有这种不怕吃亏的精神。因为你年轻，因为你还没有经验，多做一点，多干一些，正是你积累经验的时候，而且年轻时多“吃亏”，多摔几个跟头，不至于伤筋动骨；如果不趁现在多积累经验，等到年纪大了，由于经验的欠缺再摔跟头，再吃亏，就不会像年轻这样轻松了。所以，就算以积累经验为工作目的，我们也没有道理不努力。

毕业于武汉大学法律专业的曾亦菲，大学毕业后误打误撞，进入一家国有企业当起了文员，过了段一杯茶加一张报纸就能混一天的日子。对于当年这样一位名校毕业、法律专业出身，同时还有文学梦的女大学生而言，她也经历了一段迷惘的定位：“我到底应该做什么？就这样过安逸的日子？还是主动折腾自己寻找真正的挑战？”

最终，在工作了八九个月后，曾亦菲毅然决然打破了这个当时在别人眼中的铁饭碗，主动四处搜罗求职信息，寻求更加适合自己的平台，她认为人力资源是自己将来应该主攻的方向，后来，她将目光锁定在了一家知名制造型企业，她用隶书工工整整写了一封自荐信，从此真正迈上了属于自己的职业道路。“走自己选择的路，苦没少吃，累没少受，但是这种成长和历练的速度，积累的经验甚至得到的教训，是绝对超乎自己的想象的，也是别的地方买都买不来的。”

现在已是武汉猎英人力资源顾问公司总经理的曾亦菲说，初入职场，不要指望一下子就能得到一份既让自己喜欢，同时又轻松多金的工作，一旦确定了自己的方向，沉下气来让自己沉淀是非常关键的。收入不高、工作太累、看不起自己的工作等，这些观念都是要避免的，而是要将自己的努力作为为明天蓄积更多资本的机会，而不放过任何一份平凡的工作。

说实话，初入职场，学历、文凭只是你工作的敲门砖，和经验比起来，这些远远不及。但有很多刚走出象牙塔，走向社会，没有经验，没有技术，空有满脑子理论，正是需要在工作中积累经验、提高技能、广聚人脉的大学生们却没有认识到这一点，自以为是“天之骄子”，吃不了苦，受不了累，做事浮躁，特别是对自己的工资甚为不满，满腹牢骚，抱怨说工资太低了，挣的钱不够自己生活啦，更不用谈以后结婚啦、买房啦，把眼光死死盯在目前的工资上，没有想到要提高自己的能力，多积累一些经验，把现在的付出看做是投资，只盯着更好的工作，更高的待遇。但这样往往事与愿违，因为频繁地跳槽，广而不专，没有经验的积累，到头来，三五年之后，能力还是停留在原先的水平上，经验依然不够。相反，如果一个人专注于一件事，或一个单位，一个行业，即使三五年之内并没有挣到钱，却积累了丰富的经验，这可能比我们得到的那份工资更有价值。

所以，不要认为工作无所谓，我们的工作正是我们实践的机会，是我们积累经验的最好场所。只要你努力去干，必然会让我们受益良多。

2 经验是职场最重要的资本

经验就是最大的资本。这句话放在职场，比放在任何地方都更有说服力。

没有经验，就意味着你是一个完全的“生手”，意味着你做的任何工作都有可能成为实验品，意味着企业要为你承担这种“实验”的巨大成本。试想，有哪一家企业愿意呢？而那些经验丰富、任何时候都周到、得体、技能超群的员工，永远是最受欢迎的。

十一月某日，上午九点半，英国汉默公司的客人来访。老板看上去似乎只有二十七八岁，像个刚毕业的大男生，但是他的助手，也就是他的私人秘书，却是一个五十开外的阿姨——碧眼银发，体态有些发福，但言谈举止中散发着一份成熟和恰到好处的分寸感。

中国公司的员工第一次亲眼见到这样大年纪的女秘书，好似第一次看到一幅珍贵的名画一样，既觉得不可思议，又为之叹服。这位女秘书让人感觉是那么舒服，体会到什么是优雅和品位。

“为什么老外都喜欢用年纪大的女秘书？”李珍像是自言自语。

其实是李珍不懂得，对于秘书来说，工作经验是最宝贵的东西。工作的时间越长，见的世面越多，遇到的问题越多，那么，她积累的经验也就越多。经验多，办事的能力就强。这就是为什么在国外，年纪大的女秘书会比年轻漂亮的女秘书更受欢迎的原因。

秘书工作有两大特点，一是并行的工作多，这边你可能正在整理文件，那边领导可能要求你给客人送水；当你正在泡茶的时候，领导又要你赶紧找份文件给他……二是工作的内容变化快，原订好上午十点去某某公司去会谈，突然要召开公司临时常务会议；正在给对方通知表示抱歉的时候，原定下午来公司会谈的某某公司的秘书来电话，今天下午不能来了，只能安排在明天上午，而明天上午领导已排得满满当当……面对这些，只有经验非常丰富的秘书才能应付自如，知道什么事该先做，什么事可以往后拖拖；知道怎样调整工作日程，以及应对调整后可能出现的各种意外情况。这就是一些领导，特别是那些欧美公司的老板，喜欢用年纪大一些秘书的原因。对于一些年纪比较大的领导来说，与自己一起工作多年的老秘书，就像他的老花眼镜一样，式样可能有些陈旧，但离不了，也换不得。

在欧美国家，秘书早已像教师和护士那样，是一种正式而又成熟的社会职业。在大公司里高级管理人员身边，很难看到年轻的女秘书，大多数秘书的年龄都在40岁以上。这些秘书的教养和经验，完全可以让各科室的经理和公司其他员工肃然起敬。除了一般的秘书技能之外，她们的沟通、协调、预见和判断力，也同样让人叹服。

据说微软公司刚成立的时候，盖茨也雇了一个年轻的女大学生当秘书，可这位秘书除了自己分内的工作，对其他任何事情都是事不关己，高高挂起，而且做什么事都没个准，不是这里出错就是那里出错，很让盖茨操心。盖茨觉得对自己这么一个以年轻人为主，干什么事都有些粗粗拉拉、风风火火的公司来说，应该有一位管家婆式的、经验丰富的女秘书，事无巨细地把公司的后勤工作包揽下来，才能让自己不用在这方面分心，自己有更重要的工作要做。于是他要求总经理解雇这位秘书，尽快替他找位管家婆式的秘书。没隔几天，盖茨就催总经理，问他找到了自己想要的女秘书没有。总经理拿出几个年轻女性的应聘资料，盖茨看后都连连摇头。他理想中的女秘书应该干练、稳重、能干，他对花瓶式的年轻女性没兴趣。

“难道就没有比她们更合适的人选了？”盖茨有些失望地责问总经理。

总经理犹豫地拿出一份资料递到盖茨面前，“这位女士以前做过文秘、档案管理和会计员等不少后勤工作，只是她年纪太大，又有家庭拖累，恐怕……”不等总经理说完，盖茨已经一目十行地看完应聘资料，说：“她有丰富的经验，这是最好不过了！”

就这样，盖茨的第二任女秘书、42 岁的露宝上任了。也正是这位当时已是四个孩子的母亲，为微软公司的今天，做出了无可替代的贡献。

可见经验是学历、风采甚至能力都不能替代的重要的职场竞争资本。

职业经验越丰富，你就越如陈年老酒般受人青睐，也就是说丰富的工作经验将会成为你纵横职场的镀金名片。然而我们要明白的是，酒一定要纯才能越陈越香；工作经验也一样要专要精才能价值无限。当你具有丰富的工作经验之后，你也就不用担心被裁员，被撤职了，因为企业缺少的正是这种经验丰富的员工，抢着要还来不及哩，又怎么会被裁撤？

当然，并不是所有的经验都能成为裁撤的挡箭牌，只有那些不可替代，能为公司创造利润的技能和经验才是。所以，工作中要多多积累这样的经验。

罗国洲是一名有 30 年工龄的普通员工。从烧锅炉到司炉长、班长、大班长，他一直在锅炉运行岗位上工作着。后来，他当上了锅炉技师，成为远近闻名的“锅炉点火大王”和锅炉“找漏高手”。

罗国洲有一双听漏的“神耳”，只要围着锅炉转上一圈，他就能在炉内的风声、水声、燃烧声和其他声音中，准确地听出锅炉哪个部位的管子有泄漏声；往表盘前一坐，他就能在各种参数的细微变化中，准确判断出哪个部位有泄漏点。

除了找漏，罗国洲还练就了一手锅炉点火、锅炉燃烧调整的绝活。在用火、压火、配风、启停等多方面都有独到见解。锅炉飞灰回燃不畅，他提出技术改造和加强投运管理建议，实施后使飞灰含碳量平均降低到 8% 以下，锅炉热效率提高了 4%，为企业每年节约 32 万元。

后来,针对锅炉传统运行除灰方式存在的问题,罗国洲又提出"恒料层"运行的方法,经实施,解决了负荷大起大落的问题,仅此一项,就能为公司每年节约200多万元。

有了这样一手过硬的技能,再加上丰富的经验和认真负责的态度,这样的员工,走到哪里都会是企业的宝,又怎么会被裁呢?

经验可以分为直接经验和间接经验。间接经验就是从别人的实践经验中学习得来的经验,比如从书本上学来的,从别人的口述中得来的等等。这样的经验,由于缺少自我的感受和体验,因而不仅缺少直观、切身的感受,印象不深,而且还可能良莠不齐,所以对于它们,既要学会思考,又要结合自己的工作实际,去粗取精,去伪存真,既不全盘接受,又不一概予以排斥,而是有选择地借鉴和学习。

直接经验就是自己通过学习和工作感受和体会到的一些感受和方法。这种经验是需要我们一天天慢慢总结和积累的。其实不管我们做什么,做得好不好,甚至做坏了,都是经验,经验有坏有好,但不管是好经验还是坏经验,都是我们难得的财富,因为好的经验会让我们把工作做得更好,而坏的经验也会随时提醒我们,吸取以前的教训,不再犯同样的错误,也能把工作做得更好。所以,工作的过程,其实也是一个积累经验的过程,提升自我的过程,完善自我的过程。你把握住了这个过程,也就把握住了提升自己的机会,让自己的工作变得不同。

刘娜是某著名制药公司的高级管理人员,平日里仗着自己名牌大学博士生的学历,非常看不起生产一线的管理人员。一天,经理让她深入车间一个月,从事质量监管的工作,这令她十分苦恼。她从小就十分懒散,没干过脏活累活,什么事都怕麻烦怕辛苦,于是她对每一道工序的质检都是草率应付。同时,几年的管理生涯将她的生产工艺技术全部丢到了一边,因此,她工作起来很吃力。工人也会反过来"欺负"她,导致她监管的区域经常出现药品质量不合格的情况。刘娜倍感压力,每天都显得心事重重。

这些情况经理都看在眼里。一个月后，经理将刘娜召回，问及她这一个月的感受，她选择了沉默。经理说："现在你还瞧不起那些比你地位低的员工吗？学历并不能代表工作能力，只有在工作中不断实践，才能不断超越自我。"

在家休息了两天后，刘娜主动请缨重回车间。这次她一改从前的工作作风，深入生产一线，工作中一丝不苟，亲自动手去做、去摸索、去总结。渐渐地，她熟悉了生产环境，掌握了各道生产工序的关键点，遇到问题能够分析，能够带领员工一起现场解决生产中遇到的问题，提高了产品的质量稳定性和生产效率，并在员工当中树立了一定的威信。

一切的经验都是在实践中积累起来的。我们每一个人都要在实践中敢于探索，不断总结过去的经验，清晰思路，明确方法，在实践中让自己不断地变强，工作起来就会感到轻松，一切难题也会迎刃而解。

但是，经验不是天上的馅饼，它不会从天上掉下来；退一步说就算真掉下来了，也不一定会砸到你的头上。所以，别以为只要工作的年限长，经验就会自然而然地到来，那只是懒汉的一厢情愿。如果不对工作付出心血，付出努力，就算干一辈子，也不会让你有任何的长进。经验需要在你的汗水和付出中得到，需要在你的刻苦和努力中实现。所以，努力，是唯一的途径。

努力工作的过程就是帮我们积累经验的过程，就是帮我们充实职场竞争资本的过程。当我们工作过程越久，我们积累的经验越多，我们在工作中犯错的机会就会越少。这正是为什么经验丰富的老员工最受欢迎的重要原因。一旦我们具有了丰富的经验，不论什么样的工作难题我们都可以应对的时候，我们就已经修炼成了职场"精灵"，那还有什么是我们不能得到的呢？

那么，努力工作我们也就肯定不会吃亏，因为就算什么也没有得到，仅仅让我们积累了经验，也不吃亏了，那为什么还不努力呢？

3 在工作中学习，在学习中进步

学无止境。

世界上的知识、技巧、技能、经验……无穷无尽，没有谁能学得完，也从来没有人能完全学会，甚至永远也不可能有人能学完。古人所谓“活到老、学到老”，就是这个意思。

只有那些浅薄、无知的人才会认为，自己不需要再学习了。

一学僧打坐参禅了两年后，学僧自以为学到了很多东西，得到了师父的真传。于是决定离开师父出去参学。

禅师说：“那好吧。不过在你走之前，先帮我装一盆石子来吧！”学僧很快就装了一大盆石子拿来

禅师指着盆里的石子问学僧：“这一盆石子满了吗？”

禅师拿起几块小石子放入盆里，石子没有满出来，师又问道：“满了吗？”

禅师随手又抓了好几把沙放进盆里，沙子渗进缝隙，并没有溢出来。

禅师再问道：“满了吗？”

禅师顺手又倒了一杯水下去，水也渗了下去，又问：“满了吗？”

学僧惭愧的跪到师父面前说：“师父，我错了，骄傲的人总会自以为是地认为自己所学已经满了、够了，只有谦虚恭敬的人才能明白佛法真正含义。”

禅师：“好！起来吧。”

学僧从此安心待在了师父身边，一心一意学习佛法，最后也成了一名很有修为的高僧。

学无止境。知识是装不满学不完的。要想天天进步,修成正果,就必须不停止学习。

那么,哪里是最好的学校？什么是最好的学习方式？答案是:工作。

在很多时候,一个简单的理论,要用文字去描述的话,很难描述清楚,即使描述清楚了,看的人也不一定能够很快理解。但是,把这个理论放到实践当中去,却可能非常简单,一看就明白。

"经验来自于经历。"经验是宝贵的,要获取经验却非常地容易,那就是去经历一下。打个比方吧,我问你"从这里出发到博物馆,途中要拐几个弯",这很简单啊,你去走一趟,数一下就知道了。所以,工作其实就是我们最好的学习场所。

工作是成长的途径,工作是获取经验的途径。做得越多,成长得越快。几个大学生,被分配到同一家单位同一个部门工作,那些成长最快、晋升最快的,总是主动找事情做的人。那些推卸工作,偷奸耍滑的人,固然伤害了公司的利益,但伤害最多的还是自己的利益一让自己失去了一个又一个成长的机会。

年轻人不要怕做"万金油",不要怕会的东西多,不要怕经历的工作多样化。虽然万金油很廉价,哪里要就哪里抹一下,但是,就在这抹一下当中,你就接触到了新的知识和技能,你就又增加了一个方面的经验,这是最难得的。如果你是一个有心人,每"抹"一个地方,认真钻研一下,你就可能很快成长为全才。无论在什么样的位,做领导的,都在一定程度上是"全才",各个岗位他都有所了解,而那种"专才"通常只能一辈子在某个岗位上工作,即使成了这个岗位的专家,也不太可能晋升到领导的职位。所以,珍惜每一个工作的机会,认真对待每一个工作岗位,努力把你的岗位工作做好,其实你在拿薪水的同时,正在不断地提升和完善自己。这是工作给予我们的最好的回报。

"未来唯一持久的优势是,比你的竞争对手学习得更好。"这是学习型组织之父、当代新和理大师彼得·圣吉对职场人的忠告。在市场竞争激烈的今天,每个人都在为自己不断地充电,每个人都在充实自己。如果一个人松懈好逸,那么摆在他面前的只能是被淘汰。世界上最可怕的事情是比你聪明的人却比你更努力,所以成功的永远是他们而不是你。

1973年,盖茨进入哈佛大学一年级,盖茨写了一封著名的《致爱好者的公开信》,震惊了计算机界。盖茨宣称计算机软件将会是一个巨大的商业市场,计算机爱好者们不应该在不获得原作者同意的情况下随意复制电脑程序。

当时的计算机界受到黑客文化影响,认为创意与知识应该被共享。三年级时,盖茨从哈佛退学,全身心投入其与童年伙伴 Paul Allen(保罗·艾伦)一手创办的世界上最成功的企业之一——微软公司。他深信个人计算机将是每一部办公桌面系统以及每一家庭的非常有价值的工具,并为这一信念所指引,开始为个人计算机开发软件,并逐渐将软件产业化。

盖茨是个读书迷,“吃一餐饭的时间可以读完四本书”,他虽然从大学退学了,但他却并没有“退出学习”,而是以更大的学习热情积极从工作中学习新的知识和新的技术,在努力中学习,在钻研中学习,在失败中学习,在错误中学习……正是孜孜不倦的让盖茨的进步超越了众人,成为业界的翘楚,世界的首富。

卓有成就有成功人士都有一个共同的习惯,那就是任何时候都在不断地学习。而且是不断地从工作中学习到更多的东西,并随之又运用到工作中去,使自己的工作更加完美,从而成就自己卓越的人生的。

工作也是我们学习的最好的场所。工作中学到的经验、教训和具体技巧,都是学校和书本上所不能学到的。很多专业师傅的“不传之秘”都是自己在生产现场摸索出来的。我们越努力工作,就越能从工作中学到东西,工作就越能促进我们的进步。

古人说,处处留心皆学问。工作中学习的机会比比皆是,只要我们有心学习,用心学习,虚心学习,我们的进步就会连我们自己都吃惊,创造出令世人瞩目的成绩。

“全球第一女CEO”惠普公司前董事会主席兼首席执行官卡莉·菲奥莉娜女士，从秘书工作开始职业生涯的她，是如何提升自我价值，一步步走向成功，并最终从男性主宰的权力世界中脱颖而出的呢？

答案是在工作中不断学习。

卡莉·菲奥莉娜学过法律，也学过历史和哲学，但这些都不是她最终成为CEO的必要条件。卡莉·菲奥莉娜并不是搞技术出身，在惠普这样的一家因技术创新而领先的公司，是通过自己的不断学习来获得成功的。

她说：“不断学习是一个CEO成功的最基本要素。这里说的‘不断学习’，是在工作中不断总结过去的经验，不断适应新的环境和新的变化，不断体会更好的工作方法并提高工作效率。我在刚开始的时候，也做过一些不起眼的工作，但我还是从自己的兴趣出发，找最合适的岗位。因为，只有我的工作与我的兴趣相吻合，我才能最大限度地在工作中学习新的知识和经验。在惠普，不是只有我需要在工作中不断学习，整个惠普都有鼓励员工学习的机制，每过一段时间，大家就会坐在一起，相互交流，了解对方和整个公司的动态，了解业界的新的动向。这些小事情，是能保证大家步伐紧跟时代、在工作中不断创新的好办法。”

“很少有人能具备与生俱来的领导能力，真正成功的领导者肯定是在工作中不断积累经验、不断学习而逐步成功的。”

如果你想在竞争激烈的职场中胜出，就必须在工作中不断学习，不断地吸取经验教训，以新的技能来支持你的成功。

年轻人刚走出校门，没有工作经验，找工作相当困难。获取经验是工作的第一步，获取高额薪水必须建立在你拥有经验并能够熟练工作的基础之上。可他们却本末倒置，不肯屈身到能够学到经验、但薪水可能相对较低的单位去上班。因此他们可能奔走在求职路上的时间比工作时间要多得多。时间一晃过去好几年，别人都已经是工作的“熟手”了，他们可能依然没有一点经验。

工作的过程也是学习的过程。如果你不愿付出努力，不积极主动地抓住学习的机会，而是被动工作，甚至见工作就躲，那你也失去了学习的机会，就已经注定你比别人退后了一步。你只有在积极努力的同时，才能有更多的学习的机会，学到更多的知识和技巧，使自己得到更大的进步，从而取得成就，拥抱属于自己的成功。

罗恩·克拉克，美国当代著名优秀教师，其教学经历充满传奇色彩。他从1995年起开始从事教师工作，曾在美国的很多“问题学校”任教，以自己独特的教学风格与卓有成效的教学方式使学生获得了优异的成绩。

2001年，年仅28岁的克拉克就荣获了美国最佳教师奖。他和他的学生还曾经受到过美国前总统克林顿夫妇的接见，美国著名主持人奥普拉称之为“创造奇迹的男人。”

年纪虽然年轻于那些从事教育工作几十年的罗恩.克拉克，在教学上却有着别人不曾有或是不曾尝试过的工作方法，这种独有的知识让他在教育界声名远播，成为众人学习的榜样。

西方白领阶层目前流行这样一条知识折旧定律：“一年不学习，你所拥有的全部知识就会折旧80%。你今天不懂的东西，到明天早晨就过时了。现在有关这个世界的绝大多数观念，也许在不到两年时间里，将成为永远的过去。”

“我没有经验”也常常成为一些员工拒绝接受任务的借口。领导给他安排工作，他就说“我没这方面的经验，这个工作让别人去做更合适”。他们在说出这个借口的时候，就已经失去一次机会了。你这次不去做，下一次叫你做时，你依然没有经验啊。更坏的能是，你找借口，领导很失望，从此不再给你任务，你就永远也没有学习这方面经验的机会了，甚至连饭碗都可能丢掉。因而，只要有工作的机会，不管是什么样的机会，都应当好好地珍惜，并认真地、努力地去做，因为这就是你学习的机会，提高的机会，完善自我的机会。

作为职场中人，每个人都要从工作需要出发，有意识地选择适合自己的充电途径，找准最佳组合点，才能适应不断变化的环境，获得充电的最佳效果，拥有驰骋职场、决胜职场的能力，从而让自己拥有一方天空。

荆强，金城石化集团重整加氢车间岗位主力操作手。自2003年7月份进厂以来，先后在催化裂化、延迟焦化、重整加氢车间工作。凭借优异的表现，荆强先后多次被评为"先进工作者"、"生产标兵"，2010年被集团授予"劳动模范"荣誉称号。

8年来，荆强始终以勤勉的学习态度严格要求自己。刚进厂时，面对陌生的生产装置和复杂的工艺流程，他勤跑勤看，积极按照车间、班组制订的学习计划，在岗位师傅的认真指导下，从简单的设备位号开始，一步步展开全面学习。从牢记工艺流程到操作规程，再到岗位优化操作，他都能在最短的时间内掌握。2004年，集团重整加氢装置建设期间，荆强被抽调至重整加氢车间并被安排外出学习岗位操作知识。他做到了快速掌握，并学习了大量的理论知识，掌握了一定的实践经验，为装置的一次性开车成功贡献了自己的力量。

工作中，荆强不仅一丝不苟、勤奋努力，而且更善于发现并及时解决问题，把智慧运用到每一处细节中。操作工日常巡检是保证装置安全平稳运行的重要手段之一。在每一次巡检过程中，荆强总是以高度的责任心检查每一个细微之处，绝不容许威胁装置生产的安全隐患存在。也正是凭着这份责任心，他先后发现了空冷管束泄漏、V101压控弯头焊缝开裂等多处隐患，并及时发现和解决了长明灯因火嘴堵塞自行熄灭、运行泵流量压力波动等问题，有力保证了装置的安全运行。同时，他还根据多年来所积累的工作经验，针对装置的实际操作情况，提出了催化剂活性下降后加热炉负荷大、不同原料掺炼比例影响装置操作等特殊情况的优化操作方案，既缩短了工艺调整的时间，又保证了产品质量合格。

荆强深深懂得，自己能够在工作上取得优异的成绩，离不开集团的培养，同事的帮助。因此，荆强在努力学习、认真巡检、不断提高的同时，积极帮助身边的同事。特别是在新职工的培训上，他结合自身体会，在培训方法上灵活运用，在思想上与新职工积极交流，帮助新职工放下包袱，把心思用到掌握知识、学习提高上，得到了新职工和车间领导、同事的认可。

面对荣誉，荆强谦虚地说："一个人的成长离不开集体，在领导和同事们的指导和帮助下，我取得了一点成绩，但也发现自己还存在很多的不足。今后我还要继续努力，加强学习，力争更大的进步。"

现在，有很多年轻人徘徊在人生的十字路口，不知道路在何方。其实，要成功，路就在脚下，那就是：工作，工作，再工作，每做一件事情，你就向成功靠近了一步！工作是个人成长的摇篮；但是，并非每一个进了摇篮的人，都能够获取同样的成长速度，只有那些做得越多的人，才可能成长越快。因为通过在工作中不断学习，就能提高自己的实际能力。作为一个员工，不论是在职业生涯的哪个阶段，学习的脚步都不能稍有停歇，要把工作视为学习的殿堂，在努力工作中学习，从而让自己超越平凡，脱颖而出。

4 努力工作，让自己成为行业专家

工作是我们最好的课堂，工作让我们学到在任何其他地方都学不到的东西，我们天天工作的同时也在天天学习，天天进步。我们不断努力，不仅积累丰富的经验，还能让我们成为行业内的专才、专家，成就自己的人生。努力工作，怎么干都不会吃亏呀。

李土旺是煤矿上的一名普通电工，但却又不是一名普通的电工，因为他比专家还厉害，专家要半个月才能修理好的电路，他一个上午就修好了，他成了大家公认的专家。

今年春季有一天，邻近煤矿的电路发生故障，吊车不能正常工作，矿上的电工束手无策，电话咨询省里面的专家，说修好得半个月。正当领导们商议着是否要专家来手术时，有人推荐了李土旺，说他神。于是，请李土旺过来。看过后，李土旺说，今天晚上怕是不行了，估计明天上午工作没问题。酒足饭饱，一顿好觉，李土旺开始干活，拿起钳子喀嚓喀嚓把所有线路剪断了个遍，然后重新连接。线路通了，专家们说的半个月，他只用了一上午！

矿上的同事们说李土旺这个“专家”可不是自封的，那是“真格货”。他平时不仅工作努力，还酷爱学习，博览群书，光抄下的笔记就有好几大本，自己的小试验更是做了数不清多少次。

李土旺的卓越表现也让他得到了上级的嘉奖，不仅有丰厚的物质奖励，还被评为了“学习标兵”、“先进个人”、“劳动模范”，成为大家学习的榜样。

无论从事什么行业，要想在该行业中站稳脚跟，作出一番成就，就必须具备一定的专业技能，而且还要以精益求精的态度不断提高自己的专业技能水平。

专业技能水平对于员工在这个行业中的成长具有关键的推动作用，可以说专业技能更是实现个人成功的“敲门砖”，无论你是普通工人，还是推销员，或者是一个电脑程序员、一个建筑工程师，都要以这块敲门砖来打开通往成功的大门。简而言之，任何人都不可能脱离专业技能而空谈成功，所以，每个人都要使自己的专业技能精益求精，才能成为本行业的尖兵。而努力工作正是我们练就专业技能的最好的场所。

1993 年参加工作的李永元，在制丝车间做了 14 年的修理工，如今是修理高级技师。在多年的跟班设备维修工作中，他一直注意丰富专业知识，勤于动脑动手参与各台设备故障的判断处理，遇到疑难问题，想方设法查阅技术资料，和同事交流解决。参与每年的设备大、中、小检修工作，此外还积极参加技术改造和QC质量小组攻关活动，先后参加了切丝机水冷系统改造、储叶柜张紧链轮改造、废烟线废烟支喂料机制作、落梗器密封改造、梗丝加香机喷嘴系统改造等。作为主要技术骨干，他还参加了车间对切丝机的专项修理。修理工段长周家舒说："当时我就看重李永元，他对切丝设备熟悉，是个优秀的修理工，另外他对工作有刻苦钻研的精神。"

李永元觉得修理工作很具有挑战性，能学到东西，所以他珍惜自己的工作岗位，用心学习。虽然他没有充足的时间和机会系统地学习机械修理原理，但凭着对工作的热爱和强烈的责任心，他边工作边学习，很快进入角色。他抓住企业内部、外部每一个学习机会，勤学苦练，遇到问题主动请教老师傅，然后记在心里反复琢磨，再联系设备仔细摸索原理。工作之余，他还自己掏钱买书补课，认真钻研设备修理技术。

成为制丝设备修理高级技师，就是他平时勤学好问、刻苦钻研的最好见证。

干一行，爱一行，精一行，只要努力，就有收获！只要你愿意像海绵一样，广泛吸收行业中的各种知识，你就能成为行业内的专家，你就能得到重用，你就可以拥有一个光明的前途。

专业知识其实和经验一样，都是纵横职场不可或缺的重要武器。"工欲善其事，必先利其器。"要想真正成为游刃有余的职场达人，当然得先让这几样武器锋利起来。所以，打造自己的专业能力，对于你的职场之路是非常重要的。

网上曾有一个笑话，大概意思是一个人从学校毕业后好不容易找到第一份工作——按照图纸修一个建筑物。这个人花了大量的人力、财力、物力，为的是把自己毕业后第一份工作做好。

几个月以后，按照图纸上的要求，这个人成功地挖了一个地下井，他很满意自己的工程进度和质量。于是兴冲冲地去找别人结账。结果被人大骂一通，还得赔偿损失。

原因是他把图纸看反了，别人是要建一个大大的烟囱。

这虽然只是一个笑话，但也可以看出，有很多人确实缺乏专业技能和专业知识。作为一个建筑工人，看不懂图纸，就像一个人空有两条腿不会走路一样。要想在某一行业内站稳脚跟，就必须要有过硬的专业知识和专业能力。

古时候宋国有个农夫，种了稻苗后，便希望能早早收成。

每天他到稻田时，发觉那些稻苗长得非常慢。他等得不耐烦，心想：怎么样才能使稻苗长得高，长很快呢？想了又想，他终了想到一个“最佳方法”，就是将稻苗拔高几分。

经过一番辛劳后，他满意地扛锄头回家休息。然后回去对家里的人表白：“今天可把我累坏了，我帮助庄稼苗长高一大截！”

他儿子赶快跑到地里去一看，禾苗全都枯死了。

“拔苗助长”的故事流传了几千年，农夫的错误在于不懂得怎么样让禾苗长高，而自作聪明地去做一些愚蠢的事。在今天看来，其实也就是不懂专业知识的原因。

成功学大师拿破仑·希尔说：“专业知识是这个社会帮助我们将愿望化成黄金的重要渠道。也就是说，如果你想获得更多的财富，就要不断学习和掌握与你所从事的行业相关的专业知识。无论如何，你都要在你的行业里成为一等一的专才，只有这样，你才能鹤立鸡群。”

所以，无论从事什么职业，都应该精通它。让这句话成为你的座右铭吧！下决心掌握自己职业领域的所有问题，使自己变得比他人更精通。如果你是工作方面的行家里手，精通自己的全部业务，又能吃苦努力，你就能赢得良好的声誉，拥有了成功的秘密武器，就能迎来自己人生的辉煌。

有一位农民出身的普通农学老师，一辈子就做了一件事——育种，而正是这一件事，能使世界上多养活5000万人！他就是“杂交水稻之父”袁隆平。

袁隆平，1930年9月出生于北京，汉族，祖籍江西德安。1949年～1953年就读重庆相辉学院（今西南农学院）农学系，毕业后分配到湖南安江农校任教。1971年调入湖南省农业科学院，专门从事杂交水稻研究。

20世纪60年代初，米丘林、李森科遗传学说还要中国盛行，但袁隆平视野开阔，通读外文资料，了解到了孟德尔、摩尔根现代遗传学理论研究的新动向，于是通过理论与实践相结合的研究，打开了杂交水稻“王国”的大门。经过三系、两系的研究与实践，以及现阶段超级杂交稻的探索，袁隆平提出了杂交水稻研究的一系列关键技术，建立了一套基本理论，为杂交水稻的发展发挥着重要的指导作用。

但他的理论绝非空口说说，而是通过实实在在的努力和实干得出的通过检验的理论。他始终保持着实干家的本色，田间地头就是他的实验室。攻关早期，10年间有7个春节在海南试验基地度过。如今虽年过八十，但仍坚持下田观察，每天两次（只要在单位），不论日晒雨淋，从不间断。

他每年赴海南三亚坐镇主持超级杂交稻的南繁研究，在这里，全国协作研究的形势异常红火，来自各地的专家们总是感叹袁隆平院士宝刀不老，而且无不由衷地赞叹：“袁先生总是在杂交水稻研究处于迷茫或转折时，提出正确的思路，令大家茅塞顿开，前进的道路豁然开朗。”此外，袁隆平院士还经常到各地实地考察，了解情况。正是凭借“知识加汗水”的务实精神，他不断涌现新思路，育出好品种。

2011年秋，在湖南的试验田里，正在收获试验田中沉甸甸的水稻的人们高兴异常，因为超级稻的单产达到了创纪录的926公斤！

“实现亩产700公斤的目标，我们用了4年时间；实现亩产800公斤的目标，我们又用了4年。这次亩产900公斤目标获得重大突破，我们用了7年。”袁隆平说，“‘Y两优2号’冲击亩产900公斤的成功，再次证明只要有好的品种、好的种植栽培方法和优质耕地，我国水稻仍有较大的增产空间和提升潜力。”他称“超级稻口感好得不得了”。

如今，81岁的袁隆平是中国杂交水稻育种专家，中国工程院院士，被誉为“杂交水稻之父”。他先后获得“国家特等发明奖”、“首届国家最高科学技术奖”等多项国内奖项和联合国“科学奖”、“世界粮食奖”等11项国际大奖，并在2006年当选美国科学院院士。2010年4月，荣登“2010中国心灵富豪榜首富榜”

袁隆平说：“下一步我将把奋斗目标设定为亩产1000公斤。当然，这还是我的一个梦想，也许十年左右时间，等我变成‘90后’时，这个目标就可以实现了。”

袁隆平的成功，并不是偶然的，而是他几十年浸润于专业领域中、经过几十年的学习、考察、分析、再实验得来的。正是在一遍又一遍枯燥的重复又重复的选种、试验、选种、试验中，才成就了今天的举世瞩目的成功。

其实我们很多员工的工作也和袁隆平的育种工作一样，都在每天的重复中，重复再重复，一遍又一遍地重复。但千万别认为这样的重复没有意义，因为重复重复再重复的过程中我们积累了大量的经验，学习到了更多的知识和技巧，大大提升了我们的能力，也体会到难得的感受和乐趣。所以不要因为每天的周而复始而厌烦自己的工作，这样的过程正是我们学习的过程，积累的过程，进步的过程。我们每天不是重复，而是每天都在进步。我们的经验和技能就在这种不断地重复中从普通到精进，从精进到纯熟，从纯熟到专业，不断提高，不断升华，最后就成为本行业的专家了。想一想，如果你能在一个岗位上坚持十年，十年后的你不是专家，也是资深人士，至少是经验丰富的人士。到那时，你的前途、你的薪金、你的名利，一样都不会少。这样的进步，难道还不值得我们好好努力吗？

当今世界，分工越来越细化，对专业程度的要求也越来越高。因而，面面俱到却面面不专的“全才”已经过时了，不吃香了，而精通一行的“专才”正在成为抢手货。所以一定要记得在刻苦努力中修练自己的专业技能，提高自己的专业能力，让自己成为“专才”甚至“专家”，你的成功就指日可待了。

5 刻苦努力就能出类拔萃

俗话说：“人往高处爬、水往低处流”，一心向上、不断进取、不断进步是每一个有志向、有理想的人的共同特点，但是却并非人人都可以出类拔萃，想要出类拔萃，向更高处进发，就得刻苦努力，付出心血和汗水。成功是需要付出代价的，不努力，原地等待，永远不会有成功。只有那些刻苦努力的人才能以实际的行动，才能欣赏到高处的风景。

“知识型产业工人”、“蓝领专家”、“港口工人的坐标”、“排障专家”……这是人们对天津港(集团)公司煤码头有限责任公司操作一队队长孔祥瑞的昵称。作为天津港一位普通的工人技师，在34年的工作中，他敢于拿港口的洋设备“开刀”，主持开展技术革新130多项，为天津港创造效益8400多万元，两次被评为全国劳动模范，两次荣获天津市特等劳动模范称号，是万千工人的典范和榜样。

孔祥瑞只是一个初中生，没有经过专业系统的进修与培训，凭着几十年的工作经验，就敢去动人家“老外”处于国际先进水平的港口机械？是怎样的知识水平与技术实力支撑着他的自信？

对于这个问题，孔祥瑞的回答朴实而有力：“咱们中国工人绝不能做洋机械的奴隶！国际上再先进的设备在不同的地区环境中、不同的气候条件下，也有不尽如人意的地方。作为一个操作工人，也许没有能力把进口的大设备进行整体改造，但是可以结合工作实际，在一些小环节上解决问题，通过技术创新让操作更便捷、更安全、能耗更小，也能为企业、为国家创造更大的效益，这同样是创新。”

而了解他的人都知道，这份自信正是来自于他的努力钻研和倾心付出。在别人休息时，他在孜孜不倦地学习；在别人娱乐时，他在反反复复地做试验；当别人放假过节安享天伦之乐时，他依然在认认真真地鼓捣着他的机器！多年来，他把工作岗位当成课堂，靠着勤奋学习储备的知识，靠着长期实践积累的经验，把门机的“脾气秉性”吃了个透，成长为工人中的专家。

虽然孔祥瑞的身份只是工人技师，但他凭着这样一种执著的钻研精神和创新意识，在 1999 到 2000 年带领队里的骨干攻克了门机中心受电器发生短路的技术难题，这项创新成果于 2003 年获得了国家发明专利。

孔祥瑞的创新和发明，按他自己的话说：“都是小药治大病。”他的想法很实在：“干了这份工作，就得对国家负责，对企业负责，保证完成生产任务，保证设备的完好率。如果没有这个前提，许多发明和创新我可能根本想不到，当然也更做不到。”

事实的确如此，孔祥瑞的发明非常简单实用，往往是投入少，成效大。有时就是这里多开一个打润滑油的口子，那里添加一根观察轴承偏离的铁针。可就是这些“小药”，帮助“洋机器”解决了大问题，给企业创造了可观的效益。比如，以孔祥瑞名字命名的“门机主令器星形操作法”就是这样“出炉”的。

“可以没有文凭，不可以没有知识”，这是孔祥瑞十分欣赏的一句话。上世纪 80 年代，只有初中文凭的孔祥瑞考上了职工大学，但由于工作忙等原因没能在课堂里安坐下来，直到 2005 年才读完大专函授课程。但他的成就却并不输于任何一所名牌大学毕业的毕业生。

只要努力，就没有什么不可以。起点再低，也一样可以让自己出类拔萃。这不仅仅是孔祥瑞的经验和感受，而是许许多多从低起点做起、通过自己的勤奋和努力，最终取得可喜的成绩的普通员工最真切的体会。

梅菊琴现在是公司的“签单明星”，2007年，广交会上她从中东一家公司手里拿下了一张50万人民币的合同；2008年，她搞定了“菲律宾某公司长期合作项目的协议”和“泰国某公司几十万的合同”两笔大单子；在被称为“经济寒冬”的2009年，她仍然为公司拿到了数十万的合同。而在五年前，她只是一个怀揣着中专文凭的小姑娘，从宁波来到上海。

通过学习，她的底气足了，英语会话能力大大提高，给她带来了升职的机会。一次，在广交会上，一个老外向她询问业务，她壮着胆子跟客人攀谈了起来，从一般的问候说到公司的产品，她越说越流畅。这个场景让她的老板对她刮目相待。事后问她外语是哪里学的，怎么说得这么好。梅菊琴告诉他自己是电大的学生，英语是在电大学的。老板点了点头，从那以后她就从一个普通的单证员变成了从前自己羡慕过的外贸业务员，也开始把订单一张张往公司里带。三年来，她与德国、波兰、爱尔兰、巴拿马等国家的公司谈判、累计签订的合同超过1000万人民币。于是，她在公司赢得了“谈判专家”的称号。

事实证明，只要努力工作，就能从工作中收获比别人更多的经验、比别人更多的薪资、更多的机会和更好的前途，就能让自己出类拔萃，出人头地。

什么使泰格·伍兹成为高尔夫王子？什么使沃伦·巴菲特成为世界数一数二的投资者？我们自以为知道答案：每个人都有从事他们最后成功的事业所需要的天才。正如巴菲特不久前对《财富》杂志记者所说的，他生下来就知道怎样利用资本。这种几率只有百万分之一。事情其实没有那么简单。再多么天赋异禀、天纵英明的人，如果不付出扎扎实实的努力，也永远不会得到成功的青睐。只有那些通过多年大量勤奋的工作，才能取得巨大成功。

例如，巴菲特以有条不紊和长时间研究潜在的投资目标的财务报表而出名。缺乏天分没有关系——天才与建立伟业没有多少或者根本没有关系。这是众多科学家在众多领域研究众多成功者之后得到非常一致的结论。这里讲的天才不是指聪颖或者个人特征。它指的是天生具备把某种事做得特别好的能力。这样的人确实存在，但却从来没听说过不用勤奋努力、不用学习就能神乎奇技的天才！

不努力，谁也不会取得杰出的成就。科学家研究了大量的成功人士后发现了一个“10 年定律”——大量证据证明，甚至最有才艺的人也需要大约 10 年的勤奋努力才能成为世界级的人物，研究人员把它称为 10 年定律。那么 16 岁成为象棋大师的博比·费希尔怎样解释呢？10 年定律是适用的：他此前进行过 9 年的集中强化学习。正如美国南加利福尼亚大学的约翰·霍恩所说：“10 年定律是一种非常粗略的估计，多数研究人员认为这是需要的最低限度的时间，而不是平均需要的时间。”在许多领域（音乐、文学）、精英们需要二三十年的经验才能到达他们的顶峰。

所以不是随便什么人都能取得杰出成就的，即使，你真的具备超人的天分，也需要大量艰苦的工作。然而这还不够，许多人数十年辛苦，仍然未能取得杰出成就，甚至没有取得重大进步。那是缺少了什么？任何领域的佼佼者都是那些把大部分时间用于“有意识地练习”的人。这种活动具有提高水平的明确目的，有超越自己能力的目标，提供对结果的反应，涉及高水平的重复练习。例如，简单地击打一桶球不是有意识地练习，这是多数高尔夫运动员不能提高的原因。挥动 8 号铁（高尔夫球杆型号）300 次，目标是球离标号旗杆不到 20 英尺的次数达 80%，不断观察结果，作出适当调整，每天这样练习几小时——这就是有意识地练习。这样才能真正让自己提高。

20 世纪杰出的演说家，二战时期的英国首相丘吉尔曾强迫自己练习演讲。所以他才以卓越的口才征服了全世界。

乌克兰裔美籍钢琴家霍罗维茨据说说过这样的话:"如果我一天不练;我知道。如果我两天不练;我的夫人知道。如果我三天不练,全世界都知道。"他肯定是玩命的练习者。

许多顶尖运动员因为极其严格的日常训练而名扬世界。

在篮球方面,迈克尔·乔丹的强化训练超越了已经很艰苦的球队训练。在橄榄球方面,创纪录的接球手杰里·赖斯曾被15个队拒绝,他们认为他动作太慢。他勤奋练习,最终使其他队员难以赶上他。

泰格·伍兹也是一个典型。他父亲在他一岁半时就教他高尔夫球,鼓励他多练习,到他18岁成为美国业余锦标赛最年青的冠军时,他至少已经练习了15年。他从不故步自封,每天花许多时间训练。

"飞人"刘翔每天都要练几百遍单调的跨栏动作和各种各样的训练:"小巨人"姚明即使是在左脚受伤接受手术之后也没有停止训练。休养期间就算是坐着轮椅,姚明每个工作日都要前往火箭主场丰田中心,进行300次坐姿投篮练习。

……

不同的人有不同的人生路,有不一样的成功。各色各异的成功,成就了人类的伟大,丰富了世界的多彩多姿。但从来就没有谁是随随便便成功,所有的成功都是用汗水浇灌、用努力堆砌、用心血哺育而成的。

所以,记住:要想出类拔萃,只有努力、也唯有努力才行。

第五章

努力工作打造完美工作态度，不吃亏

人们常说，没有平凡的工作，只有平庸的工作态度。因为态度决定一切。再平凡的工作只要有完美的工作态度，也能把工作做到优秀和卓越。所以，工作可以平凡，态度不能平庸。而努力工作的过程，正是我们打造完美工作态度的过程。一旦我们拥有这种完美的态度，我们的人生将会从此不同。那么，努力工作，就算只是为了打造自己的完美态度，也绝不会吃亏。

1 态度决定一切

在工作面前，态度决定一切。没有不重要的工作，只有不重视工作的人。不同的态度，成就不同的人生，有什么样的态度就会产生什么样的行为，从而决定不同的结果。

张良年轻时，有一天他在桥上散步，忽然，有位穿着粗布短衣的老人走到他跟前，当着他的面故意把脚上的草鞋丢到了桥下。随后老人看着张良说："小子，下去给我把鞋捡回来！"

张良愣了一下，十分不解，但是看他年老衣破，顿生怜悯，就真的走到桥下取回了鞋子。上来之后，老人坐在桥头，眼皮也不抬一下就说："给我穿上。"张良虽然觉得奇怪，但还是跪在地上，帮老人穿上了草鞋。

因为张良的态度非常好，这个叫黄石公的老人认为他孺子可教，便传给了他一本兵法书《太公兵法》（当时秦始皇焚书坑儒烧掉了民间所有的兵书，这本书可以称得上是稀世之珍），张良凭借这本书成为帝王师，运筹帷幄之中，决胜千里之外，位极人臣，千古流芳。

可见，一个人的工作态度折射着人生态度。态度决定了今后的人生走向，决定了一切。虽然人之成功，除了自身的努力之外，很大程度上还得依靠机遇，甚至很多时候运气起着主导的作用，故而有了造化弄人之说，什么"谋事在人，成事在天"。但是，我们更应该知道，机遇只垂青有准备的人，灵感只降临有准备的头脑；否则你一味守株待兔，机遇来了不说你抓不住，很可能你根本就不曾察觉。而当你有一个良好的态度的时候，就算你没有准备好，你的态度也会为你的人生开启一扇梦想的大门。

一位作家说过这样一个故事：

在我大三的第二个学期，我被校方从文学社社长的位置提拔到院报做执行副主编，司职文学版块的组稿、选稿等方面的工作。

我们学校当时的在校学生不到2万，可是爱好文学的热血青年实在是太多了，我的电子信箱和学校各处的投稿箱通常是稿满为患，因为版面有限，通常是要从来稿中“百里挑一”，这让我有一种作为“刽子手”般的负罪感，因为我实在不忍心看到还有那么多文学爱好者的心血石沉大海。

这样大概过了三个月左右，可能是因为迟迟没有看到自己的作品变成铅字，许多人对文学的热情也开始倦怠起来，投稿箱渐已没有原来的繁华景象。这时候我发现一个叫“井耒”的家伙，还是三个月如一日痴心不改的每天必往我的信箱投两篇稿子，虽然我从没有发过他一篇文字。

说老实话，井耒的文字非常一般，远没有达到发表的水平，但是我被他对文学这种热忱的态度打动，终于在三个月又十日这天，我把他投的第200篇稿子加以润色，并最终发了出来。说起来还真是不可思议，我认为在文学上没有多少天分的他，挟这篇处女作之余威，经过他刻苦的努力和钻研，后来竟加入了作家协会，还出版了几本集子。

井耒告诉我，他之所以能够最终走上文学的道路，真要好好感谢我发了他的第一篇文章，这时我会告诉他，他感谢的应该是他自己，是他当初执著的态度，改变了他自己的人生轨迹。

态度决定一切。在很多时候，可以说，我们的人生由我们的态度决定。所以，有一个端正的、良好的态度，对于人生的成功是非常重要的。

比如当你对自己的能力和未来充满自信，当你以你的激情和毅力去一路披荆斩棘、乘风破浪，在最艰苦的条件下也能持之以恒，那么你必将打破无数常人眼中的所谓不可能而创造你的奇迹，你的神话。相反，当你对生活抱着无所谓和悲观的态度，那么无论你的老祖宗为你留下了多少的遗产，无论你以前的底子多么殷实，你也会挥霍一空，最后什么也没有。

1997年12月，英国报纸刊登了一张英皇室查尔斯王子与一位街头游民合影的照片。这是一段戏剧性的相逢！原来，查尔斯王子在寒冷的冬天拜访伦敦穷人时，意外遇见了以前的校友。这位游民克鲁伯·哈鲁多说："殿下，我们曾经就读同一所学校。"王子反问，在什么时候？他说，在山丘小屋的高等小学，两人还曾经互相取笑彼此的大耳朵。

王子的同学沦落街头，这是一段无奈的人生巧遇。克鲁伯·哈鲁多出身于金融世家，曾经就读贵族学校，后来成为作家。老天爷送给他两把金钥匙——"家世"与"学历"，让他可以很快进入成功者俱乐部。但是，在两度婚姻失败后，克鲁伯开始酗酒，最后由一名作家变成了街头游民。我们不禁要问，打败克鲁伯的是婚姻两度失败吗？不是，而是他的态度。从他放弃"正面"的态度那刻起，他就输掉了一生。

是的，态度决定一切，不论你是一个什么样的人，如果没有一个良好的态度，最终都会失败。而一旦你铸就了人生中最重要的品质——态度，你的人生就会变得不同起来，认真起来，精彩起来。

曾经获得中国两岸十大杰出青年的台湾赖东进，在他的自传体小说《乞丐囝仔》里对态度决定的人生有最精彩的描述。

赖东进，生在乞丐家庭，全家十四口人靠乞讨为生，他刚学会走路，就跟着姐姐开始乞讨。十岁之前全家居无定所，四处流浪，每天过着风餐露宿的日子，经常以坟地，庙宇为家。十岁之后边读书边乞讨总共做了长达17年的乞丐，身为长子的赖东进不仅肩挑照顾全家的担子，更努力求学，在小学、中学里所有比赛凡参加的都获第一，以至老师为了考虑其他学生参加竞赛的积极性私下求他放水。初中后困于家境只好报考中专，而后发奋工作，终能娶妻生子经营事业，成了一家近五十多名员工的防火器材公司的厂长。1999年当选两岸十大杰出青年。

如果老天爷不曾给你显赫的家世和出身名校的高等学历，那么，"态度"将是唯一能使你胜出的金钥匙。

态度决定一切。不管对谁，不管做什么，这都是奋斗的箴言，成功的至理。

态度比教育、金钱、环境更重要。查尔斯·史温道尔曾说："态度比你的过去、教育、金钱、环境……还来得重要。态度比你的外表、天赋或技能更重要，它可以建立或毁灭一家公司。"在最近总经理级人物"CEO"问卷调查中，有80%的人承认，并非特殊才能使他们达到目前的地位。这些人当中没有一个人在班上是名列前茅的，之所以能达到目前的地位就是凭借态度。

任何时候，态度第一。当你努力工作，当你为你的工作倾尽一切的心力，其实你还不知道，你正在将你的工作态度抑或人生态度打造得更加优秀。当你拥有这样的态度时，不论你在干什么，不论你做什么样的工作，成功都不会与你错过。

所以，仅此一条，我们努力工作，也就不会吃亏！

2　主动，让自己脱颖而出

如果你在工作中老是想"吃亏"两个字，那你可能一直在吃亏。如果你的工作一直处于被动中，那你会更加"吃亏"。因为所有的好机会都被积极主动的人抢过去了，幸运之神一次又一次与你擦身而过，但你永远也不能碰上她的衣袂。

但是对于一个积极主动的员工而言，哪怕你能力不够，也会因为你的主动和努力，抓住最难得的机遇，就能使自己脱颖而出。

台湾有一个名牌大学毕业的女生，因为是学编剧的，所以在岗位稀缺

的台湾迟迟找不到工作。后来，她终于得到了电视台的一份综艺节目的编剧工作。

尽管只是个小编剧，但她对节目制作组每个人的工作都细心地观察和研究，甚至连遥不可及的制作人的工作，她也细心地观察。

半年后，在一次制作节目时，制作人不知为什么突然开始大发雷霆，最后甩下一句"不录了"就走了。几十名工作人员全愣在那儿不知怎么办，主持人看了看四周说："下面的我们自己录吧。"

自己录，谁当制作人呢？大家都在等待和张望。

这个女生的心开始狂跳起来。制作人可是节目组的第一负责人，掌握着改动节目形式、情节，决定导演、主要演员的人选等生杀大权的人啊！这是上天给我的机会吗？这是真正的机会吗？如果我来做制作人……没有人给她答案。但仅仅5秒钟后，她拿起了制作人丢下的耳机和麦克风。那一刻，她清楚地对自己说："这一次如果成功了，就证明你不仅是一个只会写写小剧本的小编剧，还可以是一个掌控全场的制作人，所以不可以出丑，一定要成功！"

制作结束，她紧绷的神经终于放松下来，"成功了，我成功地做了一回制作人！"她不由得暗自庆幸自己得到如此一个来之不易的机会，要知道从前自己只是个小编剧啊！

慢慢地，她开始做执行制作人。当时像她那个年纪的女生能做制作人，情形相当罕见。

几年后，这个果断的小女生不断制作出多个大受欢迎的综艺节目，而《超级星期天》更为她赢得三届"金钟奖——最佳综艺奖"，使她成为台湾三度获得金钟奖的王牌制作人。

接着她又一手制作了红得一塌糊涂的电视剧《流星花园》，被称为"台湾偶像剧之母"，更在2002年被美国商业周刊评为"亚洲之星"，获得最佳创意大奖。

回首往事，台湾可米瑞智文化传播事业有限公司董事长兼总经理，被台湾娱乐圈誉为"最美丽的制作人"的柴智屏，爽直地说："不管什么样的工作，都是你的重要的机会。你抓住了这样的机会，就可以改变你的人生。当然，机会只会等你5秒钟，要在别人丢下耳机和麦克风的时候，你能捡起它。此外，我一直觉得学习和提高很重要，在一个工作环境中，一定要学习别人在做什么，然后要吸收、模仿，使自己不断提高。因此我才不是那么困难地就开始做执行制作的工作了。”

美国钢铁大王卡内基曾经说过：“有两种人永远都会一事无成，一种是除非别人要他去做，否则绝不主动做事的人；另一种则是即使别人要他做，也做不好事情的人。那些不需要别人催促，就会主动去做应做的事，而且不会半途而废的人必将成功，这种人懂得要求自己多付出一点点，而且比别人预期的还要多。”

在现代社会，虽然听命行事的能力相当重要，但个人的主动进取精神更受到重视。许多公司都努力把自己的员工培养成主动工作的人。所谓主动，就是没有人要求你、强迫你，你却能自觉而且出 四色地做好需要做的事情。对于主动工作的人来说，有些事是不必老板交代的。

有一家名叫建民宾馆的星级酒店，厨房有一个叫钟玉梅的员工，她文化不高，四十多岁了，当初进来的时候只是厨房一个普通的杂工，帮助厨房洗菜、洗碗、切切菜等等，工资也就三百块钱一个月。可是现在她已经是厨房一个湘菜组的组长了，她做的一道建民宾馆的特色菜——建民佛手，受到了广大顾客的喜爱。她现在的工资高的时候达两千多、三千块钱一个月，最少的时候也有一千多块钱一个月。

大家知道她是怎么成功的吗？一年四季不管什么时候，她每天早晨上班最少比别人早来半个小时，有时甚至一个小时，以前当她还是一个普通员工的时候，没有任何人安排她，她是如此，现在就更不用说了。进入建民宾馆工作七年以来，她天天如此，从未间断过。表面上看，她每天比别人多上了半个小时甚至一个小时的班，她是吃亏了，但她正是利用这半个小时到一个小时，自己将一天要做的工作全部划算好，并不断用心的研究和学习技能技巧。

她所在的组,准备工作总是比其他的组做得好,准备工作做得好,出品的速度和质量就好。正是因为每天比别人多做了半个小时,钟玉梅从原来一个杂工变成了现在的大厨、组长,你们说她到底是吃亏了还是“占便宜”了呢?

塞翁失马,焉知非福。也许你的上司喜欢派你做这做那,表面上看好像是你吃亏了,因为你比别人做得多,但是从另一个方面来思考,为什么上司就喜欢派你做这做那呢?能者多劳,说明你的上司欣赏你,肯定你的能力,才喜欢给你派发工作任务,而同时你的学习机会、晋升机会也蕴涵在其中。

一个女孩,在18岁之前,她不知道自己想要成为什么样的人,每天就在艺校里跟着同学唱唱歌,跳跳舞,偶尔有导演来找她拍戏,她就会很兴奋地去拍.无论角色多么小。直到1993年的一天,教她专业课的赵老师突然找她谈话,问她:“你能告诉我,你未来的打算吗?”女孩一下子愣住了。她尚不明白老师怎么突然问她如此严重的问题,更不知该怎样回答。老师又接着问她:“现在的生活你满意吗?”她摇摇头。老师笑了:“不满意的话证明你还有救。你现在想想,10年以后你会是什么样?”

老师的话很轻,但是落在她心里却变得很沉重。她脑海里顿时开始风起云涌。沉默许久后,她坚定地说:“我希望10年以后自己能成为最好的女演员,同时可以发行一张属于自己的音乐专辑。”

老师问她:“你确定了吗?”她慢慢咬紧嘴唇回答:“是的”,而且拉了很长的音。“好,既然你确定了,我们就把这个目标倒着算回来,10年以后你28岁,那时你是一个红透半边天的大明星,同时出了一张专辑。那么你27岁的时候.除了接拍各种名导演的戏以外,一定还要有一个完整的音乐作品,可以拿给很多很多的唱片公司听,对不对?”“25岁的时候,在演艺事业上你就不断进行学习和思考。另外在音乐方面一定要有很棒的作品开始录音了。”“23 岁就必须接受各种各样的培训和训练，包括音乐上和肢体上的。”“20 岁的时候就开始作曲作词. 在演戏方面要接拍大一点的角色了。”

老师的话说得很轻松，但是她却感到一种恐惧。这样推下来，她应该马上着手为自己的理想做准备了。可是她现在什么都不会，什么都没想过，仍然为小丫鬟、小舞女之类的角色沾沾自喜。她觉得一种强大的压力忽然向自己袭来。老师平静地笑着说：“要知道，你是一棵好苗子，但是你对人生缺少规划。我希望你在空闲的时候，想想 10 年以后的自己。如果你确定了目标，希望你从现在就开始做。”

想想 10 年后的自己——当她意识到这是一个问题的时候，她发现自己整个人都觉醒了。从那时起，她就始终记得 10 年后自己要做最成功的明星。所以，毕业后，对角色她开始很认真地筛选。渐渐地她被大家接受了，也慢慢地尝到了成功的欢乐。

这个女孩就是如今红遍全国、驰名海内外的影视歌三栖明星周迅。2003 年 4 月，恰好是老师和周迅谈话的 10 周年，她不知道是偶然还是必然，她居然真的拥有了属于自己的第一张专辑——《夏天》。从 1991 年到 2008 年初的 17 年中，周迅已拍摄各类题材的影视剧 37 部，成为 32 种知名品牌的形象代言人。她已获得过 45 个影视歌奖项，百花奖、金紫荆奖、金像奖、金马奖她都先后一一问鼎，她的歌曲深受广大歌迷的喜爱，先后在国内外屡获大奖。毫无疑问，所有这些成就的取得，正是周迅牢记老师的话，孜孜以求、奋争不息的结果。

人生苦短，能有几个十年？人生没有回程票，而且稍纵即逝，无以复追。只有及时地拷问自己：“十年后，我会怎样？”只有及早规划，及早行动，积极主动地努力为自己的十年后打下基础，才能让自己终有一天脱颖而出，拥有精彩的人生。

工作主动，实际上是在争取人生发展的机会。人生发展机会，不单一是“逢时”的事，更重要的是“缘”与“力”的三者相结合的事。为什么同时代的人、同部门的人、相同岗位的人，可是在关键的人事发展时刻，常常是主动者获得“时、缘、力”三者的共同作用力而得到发展呢？这是因为主动工作者，日常主动工作或主动帮助别人，获得了缘的力量，在这关键的时刻缘的力量常常就发挥了作用。

主动工作还会给人们带来心理内在自驱力。没有心理内在自驱力的人，工作、生活都是处于被动心理状态。在部门中，工作常常需要上级下达指令，若上级没有下达指令，他就不知道自己今天应该从事什么工作。长此以往，就失去了上进心，对上级产生了依赖心理，上级领导也会觉得带着这样的员工很累。若上级有了更合适的人，这些被动工作的人们就要退到二线了。主动工作的人就获得了上级的“传、帮、带”机会，而被动工作的人只能埋怨：“我比他早来，为什么不培养我？”说实在话，许多人心里的埋怨、郁闷、不公，一部分是社会因素，大部分是自我在社会竞争中被动所产生的。只有处处主动出击，那些埋怨、郁闷、不公才会离我们远去。这是因为主动工作、主动生活的人们不仅仅不会吃亏，更重要的是，天天主动，从小事主动开始：如扫地、清洁、让座，天天主动、时时主动、处处主动，坚持主动，这样就将自我的命运主动地掌握在自我手里了。

那些成大事者和平庸的人最大的区别就在于，成大事者总是自动自发地去做事，而且愿意为自己所做的一切承担责任。要想获得成功，你就必须敢于对自己的行为负责，没有人可以阻挠你成功，除了你自己；同样，也没有人可以阻挠你失败，除了你自己。成功或失败、平庸或卓越，优秀或普通，全在于你自己，在于你是不是主动积极地为自己努力。

主动是什么？主动就是不用别人告诉你，你就可以出色地完成一件事。一个优秀的人应该是一个自动地做事的人。而一个优秀的管理者则更应该努力培养人的主动性。

积极主动做事的人和消极被动的人之间的差异，从很小的地方就能看得出来。前者计划好一个假期，就真的会去度假；后者也计划好一个假期，却拖延到明年再打算。前者认为应该定期听成功讲座，结果他真的做到了；后者也认为应该定期听成功讲座，但他会找出各种借口来拖延。前者认为应该发一封 E－mail 给一个人来恭贺他的成就，他真的敲起了电脑键盘；后者却找了一个好理由来延后，结果一直不去行动。

积极主动做事的人和消极被动的人之间的差异，也会在大事上表现出来，前者想要自己创业，结果他说做就做；后者也想创业，但他总在最后关头发现为什么不该去做得好理由。前者已经 40 岁了，他很想换一个新事做，结果他真的去做；后者也一样，但他一直犹豫不决，结果什么事也没有做成。这正是造就成功者和平庸者的区别——平庸者永远被动，成功者在任何时候都主动积极、自动自发、努力奋进、不怕吃亏！因为他们比谁都明白，努力工作不会吃亏，因为付出得越多得到的也会越多，越是积极主动地努力，越能让我们脱颖而出，让我们达到既定的目标，让我们收获了完美的人生。

3 认真，把每一件事都做到完美

所谓认真，就是一丝不苟、一丝不差、百分之百、千分之千达标的标准，就是专注执著，一往无前，一个心眼、不达目的决不罢休地去做一件事情的态度。《现代汉语词典》解释说：认真是“当真”，是“信以为真”；认真是“严肃对待”，是“不马虎”。其实还有些“认死理”的意思。

在工作中，认真则是第一次就要把事情做到完全正确的理念，是对任何事情都一心一意、专心致志、一往无前的精神，是绝不允许一丝一毫的“马虎”和“差不多”的态度，是不达目的不罢休的执著。只有具备这样的工作态度，才能把事情做到最好，做到完美。

纵观古今中外，无论大事小事，要想做得成，莫不需要认真。优秀的员工明白这个道理，因而优秀的员工工作起来总是把认真放在第一位，总是把认真当成自己工作的座右铭。

一个人在学习上严肃认真，就会孜孜不倦，一丝不苟，刻苦钻研，以求精通。一个人对待工作严肃认真，就会敬业爱岗，兢兢业业，精益求精。同样，一个努力奋进、勤奋工作的人，也会养成认真工作的态度。如此，才能有所作为、有所贡献。

朴春生是锦西炼化的机泵维护专家，他爱“较真儿”也是出了名的，无论是多小的零件或多小的问题，他都得研究个透，设备运转和工作制度，都要一丝不苟地执行。

厂里的蒸馏装置的机泵90%以上都在高温状态下运行，机泵冷却系统的橡胶密封圈在高温下极易老化而失去密封作用。经常出现泵盖冷却水泄漏问题。要进行修复，就必须对设备全部解体，可机泵大多数都使用波纹管密封技术，每次检修都要更换波纹管密封件。这对朴春生而言是个心病——他不能允许有这样的瑕疵存在。

经过反复研究，朴春生提出把泵盖做改动，用耐热巴金垫替换橡胶圈。机泵厂家的专业设计人员拿到朴春生的改动方案后，惊奇地说“你们锦西炼化真是有高人，这个设计完全可以报专利。”按照朴春生的设计，厂家生产的新泵很好地解决了冷却水泄漏的问题。可新的问题又来了，如果全部更换新泵，那企业花的钱将不是几万、几十万元的小数目。

朴春生再次挑起重任，很快，他又拿出在原泵盖上进行改造的方案。他先把泵盖进行堆焊，然后再进行车削加工，这种改造既经济又实用，很快就应用到同类型的所有机泵上。

朴春生对设备有严谨细致的管理办法。他把每个装置的设备都作了一本账，每台设备都设一张卡，通过这一账一卡随时就能查出每台机泵的修理次数和故障原因，有了这个“病历”，维修人员很容易就能对症施治。

对设备如此，对人也一样。朴春生当了维修一班班长后，他的较真儿劲儿又用到班组管理上。他接手这个班的时候正是企业重组改制初期，班组成员大都是20多岁、思想活跃的年轻人，维护经验少，维护水平低就成了这个班组最大的难题。

朴春生打出的第一拳是加强劳动纪律。他推出10条规定和经济考核细则，以身作则，对违反纪律的班员该罚多少就罚多少，一点也不手软，一点也不讲情面。第二拳是实行工时制，改变过去干多干少一个样的局面，充分体现多劳多得的分配原则。在维修车间实行工时制，朴春生可算是锦西炼化第一人。第三拳是强化学习制度，建立学习室，只要有时间，就给班员灌输业务知识。工作中，有意给年轻人压担子，逼着年轻人多学技术。三拳打出，班组的工作效率、整体素质和设备维护水平有了很大提高，成了维修车间最过硬的班组。

朴春生说："干什么事都得要有个认真劲儿，认真做了才会有收益。"就是凭这股较真儿劲儿，他自己连同所带领的团队凭着严谨细致的作风出色地完成了一个又一个任务，本人也成了全国劳模，多次被评为锦西炼化优秀党员。

锤炼认真的品格，打造认真的态度，首先要解决好"认"的问题，就是要提高认知事物的能力。遇到问题，事无论大、小，都要把事物的本来面目及内在规律搞清楚，决不能凭主观意志和想当然办事情。锤炼认真品格的过程，也是提高自身认知能力的过程。而实现这一过程的唯一途径，就是加强学习研究，注重实践锻炼，干一行、爱一行、钻一行，最大限度地获取直接经验和间接经验，努力成为本行业、本专业的行家里手。理论根底厚实了、眼界开阔了、辩证思维能力增强了，看问题、办事情的立足点才会高，干工作才会得心应手。

锤炼认真的品格，要解决好"真"的问题，就是要树立深入扎实的作风。认真，体现在对真理的坚定不移、对工作的一丝不苟、对细节的精确把握上。从点滴做起，从小处严起，把工作当做事业干，这样才不会心浮气躁、不求甚解，才能够兢兢业业、精益求精。深入一线，沉到底层搞调研，才能掌握真情实况，切实掌握大量的、准确的第一手材料。甘于寂寞，甘做无名英雄，不为名缰利锁困扰，排除各种干扰，抵制各种诱惑，才能在最底层蹲得住。只有肯下苦工夫、实工夫，才能不断夯实认真的"底气"。

大事小事只要认真就没事，千难万难只要努力就不难。认真是做好工作、把工作做到完美的最卓越的工作态度。只要有认真的工作态度，就能把每一件工作都做到完美，把每一件事情都做到最好。所以，打造认真的工作态度，对于我们做任何工作，都是非常重要的。因为不论你做什么事，只要你认真了，你都会有所收获。

十八岁那年，他高考成绩十分优秀，可惜家里没钱供他读书。无奈之下，只得进城谋生，找了份送水的工作。

每天，他骑着自行车，后面挂着三四桶纯净水，走街串巷，一天下来，累得骨头都快散架了。同他一起当送水工的，没干几天就跑了。他也想过放弃，但最终还是咬牙坚持了下来。

他对每一位客户都很有礼貌，敲门总是轻轻的，进门脱鞋，光着脚进屋。每替一位客户送完水，他都会记下客户姓名。

送水工收入不高，一般按件计酬，一个送水工月收入有五百元钱。他勤快，月收入也不过六百元。他一干就是五年。

五年后，他辞职了，自己开了一家送水公司。人们认定他必败无疑，城里的人家，早就订了水，他一家新开的公司，谁要他的水？

事实并非如此，他没有失败，很快拥有了许多客户，都是他这些年认识的老客户，以及客户们的亲朋好友。他的送水业务很快就占据了全城的一半份额。

有人问他："你是怎么创造这个奇迹的？"

他说："在这城里，能干上五年送水工作的人有几个？在这五年里，我拼命结交客户，给他们留下好印象。我问他们，要是我开了公司，订不订我的水，他们都表示愿意订。水都是一样的，不同的是人。他们根本不记得我以前所在的送水公司，只记得我这个人。我的公司一开张，就赢得了这么多客户。"

他笑着说："一个人，只要认认真真地干一件事，干上五年，就一定能够干出一番成绩来。"

当我们努力工作，把每一件事情都做到最好的时候，我们已经养成了认真的工作态度。而这种认认真真、一丝不苟的工作态度正是我们做好一切事情的前提和基础。一旦我们养成了这样的态度，那么我们做任何事情都会成功。

在一家历史悠久的瑞士手工钟表店里，有一对师徒，师傅手艺精湛，徒弟也技艺高超。一次，师傅给徒弟一个任务，让他为客人打造一块怀表，并且给了徒弟这块表的详细型号与规格。

徒弟严格地按照师傅的吩咐做了，只是最后为了赶时间交货，没有仔细把表擦干净。当徒弟将这块表交给师傅时，师傅却大发雷霆，狠狠地把徒弟骂了一顿。

徒弟对此感到很委屈，便想离开，离开之前去还是忍不住去问师傅。师傅这时才语重心长地对徒弟说："虽然你所做的完全符合要求，但是最后那一点点的失误很可能会将你前面所做的一切全部毁掉，因为顾客会看到，擦干净手表这样简单的事情都没有做到，怎么样会相信你能把表做到得特别好呢？"

徒弟终于明白了，一点点的马虎对于做钟表这样的精细工作而言，都是绝对不允许的。

认真是做好工作的首要的态度，没有这样的态度，不论什么样的工作都是不可能做到优秀的，更别说完美了。

当我们有认真的态度，就会全力以赴地"第一次就把事情完全做对"，而不是每次都留尾巴，每次都不完美。认真要求100%的正确才行，而不能99%。水温升到99℃，还不是开水，其价值有限；若再添一把火，在99℃的基础上再升高1℃，就会使水沸腾，并产生大量水蒸气来开动机器，从而获得巨大的经济效益。100件事情，如果99件事情做好了，一件事情未做好，就有可能对某一单位、某一宿舍、某个人就是百分之百的影响。

很多员工工作时因为缺乏了认真的态度,使工作没有做到位,甚至相当一部分人做到了 99%,就差 1%,但就是这点细微的区别使他们在事业上很难取得突破和成功。一位管理专家一针见血地指出,从手中溜走 1%的不合格,到用户手中就是 100%的不合格。

国内某房地产公司的老总曾回忆道:"1987 年,一个与我们公司合作的外资公司的工程师,为了拍项目的全景,本来在楼上就可以拍到,但他硬是徒步走了两公里爬到一座山上去拍照,连周围的景观都拍得很到位。当时我问他为什么要这么做,他只回答了一句:'回去董事会成员会向我提问,我要把这整个项目的情况告诉他们才算完成任务,不然就是工作没做到位。'"

这位工程师的个人信条就是:"我要做的事情,不会让任何人操心。任何事情,只有做到 100%才是合格,99 分都是不合格。60 分就是次品、半次品。"

因此,要想把事情做到最好,心目中必须有高的标准,不能是一般的标准,要有一丝不苟的态度,而不是差不多就行的态度。

一个人成功与否在于他是不是做什么都力求做到最好。因此,在工作中你应该以严格要求自己。能做到最好,就必须做到最好,能完成百分之百,就绝不只做百分之九十九。只要你把工作做得比别人更完美、更快、更准确、更专注,动用你的全部智能,就能引起他人的关注,实现你心中的愿望。

认真的员工也是专注的员工,是像钉子一样钉在自己岗位上,眼中、心中都只有自己工作的人。这样的人理所当然比别人拥有更多的成功资本。因为一个人如果不能专注于自己的工作,三心二意,三天打鱼两天晒网,东张西望,左顾右盼,怎么可能取得成就?《孟子》中有这样一个故事

有一个下棋能手名叫秋,他的棋艺非常高超。

秋有两个学生，一起跟他学习下棋，其中一个学生非常专心集中精力跟老师学习。另一个却不这样，他认为学下棋很容易，用不着认真。老师讲解的时候，他虽然坐在那里，眼睛也好像在看着棋子可心里却想着："要是现在到野外射下一只鸿雁，美餐一顿该多好。"因为他总是胡思乱想心不在焉，老师的讲解一点也没听进去。

结果，虽然两个学生同是一个名师传授，但是，一个进步很快，成了棋艺高强的名手，另一个却没学到一点本事。这可并不是智商不同或是教法不一，区别只不过是一个专心专意认真努力地学，而另一个却在胡思乱想。

常言说得好：一心不能二用，不能专注于心，只能一无所获，就只能像那只著名的小猫一样，蜻蜓没抓着，蝴蝶也飞了，到最后只落得两手空空，什么也没有得到。

认真，其实就是专心致志，就是集中精神，就是心无旁骛，就是一心一意。所以，认真的员工总是专注于自己的工作，把自己的工作做到最好，而不会三心二意地什么都想着去尝试一下。

认真的员工做任何事情都是一丝不苟、一毫不差的，他们绝不会允许"马虎"和"差不多"出现在自己的字典里。人们常说："世界上怕就怕认真二字。"可总有一些人认为一点点的小马虎没有什么了不起，殊不知，哪怕就是一点点、小小的一点点马虎，也会造成最严重的、无法挽回的大损失。

比如战场上的马虎就会导致根本性的失败和无数人的丧生。

在一次战争之前，上级命令某部7:50分开始炮火袭击，7:55步兵发起攻击，而炮兵指挥员却把炮火袭击的时间记成7:55分。结果炮弹射出后落在自己的阵地上，一字之差造成上百士兵的伤亡。可见认真的态度何等重要。

再比如，医生的马虎也会导致不可挽回的后果。

试管婴儿技术自1978年问世以来，成为不孕夫妇的救星。世界上靠此技术而生下的孩子不计其数。但试管婴儿除了成功率低、费用昂贵外，还有可怕的风险。

在美国纽约居住的法妙诺太太求助医生帮助，通过试管婴儿的方式怀孕。1998年12月29日，法妙诺太太终于生下一对双胞胎，但她万万没有想到自己生出的双胞胎是一黑一白。原来，医生在为其植入受精卵时，误将一对黑人夫妇的受精卵也植入了她的体内。

另一起不幸的试管婴儿案例发生在英国。据《新英格兰医学期刊》披露，在这起案例中，医生错将两个不同性别的受精卵同时植入了母体，结果导致胚胎混合发育，生下来的孩子虽然看似健康，但经检查发现这是个半男半女的“阴阳孩”。

医学界人士指出，半阴半阳的生物在自然界中并非特例，但试管婴儿可能会提高人类“阴阳混杂”的机率。特别是一些医生为了提高母体受孕的机会，就在母体内植入多个受精卵，这很有可能导致胚胎混合发育。使生畸形儿的危险增大。

可见看似一点点的小马虎导致的后果却当真不可小觑的，所以，一丝不苟的认真态度直接决定成败，决定一切。

在数学上，“100－1”等于99，而在企业经营上，“100－1”却往往等于0。一百次决策，有一次失败了，可能让企业关门；一百件产品，有一件不合格，可能会失去整个市场；一百个员工，有一个背叛公司，可能让公司蒙受无法承受的损失，一百次经济预测，有一次失误，可能让企业破产……

失败的最大祸根，就是养成了不认真、敷衍了事的坏习惯。而成功的最好方法，就是把任何事情都做得精益求精、尽善尽美，这样才能够确保我们取得事业上的成功。

有一个初出校门的毕业生应聘到北京一家私营企业从事贸易工作，他每天都热情地从一点一滴的小事做起。复印、传真、打电话、接电话等，这些很琐碎的事情他从来都不嫌麻烦，大家都认为他勤奋努力，很有前途。但是他做事却总是有些马虎，不太仔细。

有一天早上，总经理叫这个毕业生去订一张15日上午到南方某个小城市的飞机票，因为当天上午10：00总经理必须赶到那里去签一个重要的合同。这个毕业生接到任务后马上去订了一张8：30起飞的飞机票就回来了。没想到这趟飞机在中间会在武汉又停留一个小时，因为他的马虎，总经理没有赶上和那位重要客户的机会，一份重要的合同泡汤了。

那位总经理回来后就炒掉了这位表面上看来勤奋上进、实际上却马虎轻率的大学生。

所以，做任何事，不能有半点马虎和差错。只有养成了认认真真、精益求精、绝不马虎的习惯，才能把工作做好。

周杰是个工作认真踏实、绝不马虎、更不允许在工作中存在半丝瑕疵的人，虽然他不过是是江苏京沪高速公路有限公司宝应收费站的一名普通水电工。他正是凭借他的认真和专注的精神，从一个原本只有高中文化的人，成为一名拥有本科学历和国家知识产品专利证书的高级工、全国五一劳动奖章的获得者。就是从他工作的平凡小事中，也能看出他认真细致的作风。

2001年，周杰发现站里的三项用电有用功上不去，每个月都要被罚几百块钱。对这种事情，一般人通常睁一只眼闭一只眼也就过去了，就像有人所说的："反正电是公家的，钱多钱少也不要你来负担，你自己进行调整不是自找麻烦吗?"但周杰却不这么认为。

在他看来，事情虽小，然而大事业都是由很多具体的小事组成的。正如再复杂的机械也是由一个个基本零件构成，小问题假以时日也会有足够影响，而小改善积累起来则也会成效显著。解决一个个别人不在意的问题，不但是自己能做到的，也是应该做到的，它具体体现了一个人的价值。

经过反复钻研试验，一个个问题在他手里得到了改进。通过他的研制和改造，收费站的用电有用功率达到了 90%以上，比原来提高了 60%左右；他为站里研制安装了节电设备，使站里的用电量与往年同期相比节约 20%；他研制成功并获得了国家知识产权局颁发的产品专利证书的一种具备声、光、电话语音三种报警功能的高速公路电缆防盗报警器，自 2006 年在京沪江苏段推广以来，已成功制止 40 余起偷盗电缆事件，为国家避免经济损失近百万元……

一个认真的员工，就要永远地抛弃“马虎”和“差不多”，养成严格要求自己、做事到位的习惯，每一个步骤、每一个环节、每一个细节都精益求精，每一件工作、每一个岗位都追求尽善尽美的结果，这才是认真的真谛。

伟人毛泽东说过，“世上万事怕就怕‘认真’二字”。因为认真是一把剑，剑锋所向，所有的困难和险阻都会纷纷避让；因为认真是一首歌，歌声激荡，无论什么样的事情都会被我们做得优秀而完满。

4 热情，铸就工作的灵魂

热情是战胜所有困难的强大力量，那些取得卓越成就的人，无一不是对自己所选择的工作倾注 100%的热情。

努力工作，需要我们端正态度，付出努力，当然也需要我们拥有对工作的无限热情。因为热情是工作的发动机，没有热情，工作就没有动力，没有热情，工作就是一潭死水，我们就失去了对工作的兴趣，就难以主动和积极，也就难以把工作做好，也就不能谈效益和收益。热情是工作的灵魂，甚至就是工作本身。

爱迪生曾说：“在我的一生中，从未感觉在工作，一切都是对我的安慰……

成功大师卡耐基认为："对工作热情的人具有无穷的力量。"

亨利·福特说："我喜欢热情的员工，他的热情会激发顾客的热情，这样生意就做成了。"

艾柯卡说："对任何事都热情的人，做任何事都会成功。"

爱默生说："没有热情，任何伟大的事业都不可能成功。"

比尔·盖茨说："每天早晨醒来，一想到所从事的工作和所开发的技术将会给人类生活带来的巨大影响和变化，我就会无比兴奋和激动。"正是这种激情激励他创立了世界上最著名的公司之一，使个人电脑在世界上得以普及。

美国钢铁巨擘查尔斯·迈克尔·施瓦布认为："如果对工作缺乏热情，只是为了薪水而工作，很可能既赚不到钱，也找不到生活的乐趣。"

"成功学之父"卡耐基把热情称为"内心的神"。他认为："一个人成功的因素很多，而属于这些因素之首的就是热情。没有它，不论你有什么能力，都发挥不出来。"

萨姆·沃顿，这位沃尔玛公司的创始人，在80多岁的时候，还马不停蹄地在全国巡视他那庞大的连锁店帝国。他去南美洲考察的时候，因为在超市里不断爬上爬下测量货架之间的距离，被超市报警送到警局里。

曾任纽约中央铁路公司总裁的佛里德利·威尔森，在一次广播访问中，被问到如何才能使事业成功，他回答："我认为，成功者和失败者的聪明才智，相差并不大。在实力相近的情况下，对工作富于热情的人，一定比较容易成功。一个不具实力而富热情，与一个虽具实力但不热情的人相比，前者的成功机会也会多过后者。"

热情是点燃卓越的熊熊烈火。用100%的热情去做1%的事情，那么你一定可以在你的职业生涯中完美地起飞。

凡是有成就的人，几乎都有一个共同的特征：像他们这样的人还有许多。无论从事哪一种职业，也无论这些人的才智高低，他们都对自己所从事的工作抱有极大的热情，这是促成他们取得不凡成就和获得亿万财富的主要因素之一。

世界著名的化妆品公司玫琳凯公司的创始人玫琳凯·艾施就是一个拥有无限的热情、并将这种热情投入到自己的工作和事业中、并最终收获了成功的典范。

1963年，玫琳凯·艾施45岁，在她从事的二十五年的直销人员培训的岗位上，玫琳凯是全公司最出色的员工，但因为她的女性身份，使她一直得不到提升，当时对职业女性的歧视使女性的头上似乎存在着一块玻璃的天花板，你可以看到你前面的道路，但你却永远也不能走到那里。当玫琳凯看着一个个由她培养出来的男性员工纷纷被提拔到她之上的职位、而她却毫无进展时，她愤然辞去了工作退休回家。

但是，即便是回家了，退休了，她对于工作的热情却并未退却，她依然对工作有着无限的热情，她退休了却也休不起来。她打算把她的销售经验写出来，以帮助那些需要帮助的女性。但当她看着自己写出来的清单时，一个梦想在她心中渐渐形成，她想到自己的遭遇，想到千千万万个职业妇女在社会上同样受到不平等的待遇，她要成立一家帮助女性就业、为女性提供服务的公司。为女性提供无限机会，帮助更多妇女实现她们的工作梦想。为此她投入了毕生的积蓄：5000美金。玫琳凯开始招募人马，先生管财务，两人一起包装产品，贴标签，标签上写着："玫琳凯化妆品"。

在公司开张前一个月，她的先生霍伦贝克在阅读商业文件时心脏病发作，死在早餐桌旁。但这样的打击并没有击退玫琳凯的创业决心。家人的支持也使玫琳凯信心倍增，她的长子本交给她4500美元的积蓄，次子里查得·罗杰斯放弃了收入丰厚的工作，全力加入到母亲的公司中来帮助她。玫琳凯觉得只有工作才能减轻伤痛，她说："对我而言，工作与成长是同一件事，而且没有工作就没有起床的理由。"47岁的玫琳凯忍着巨大的悲痛，毅然决然地闯入了当时几乎完全由男人控制的商业领域。

1963年9月13日，在达拉斯的一个只有500平方英尺的店面里（其实是一个52平方米的仓库），玫琳凯和理查得及另外9名充满热情的妇女（最早的美容顾问）成立了玫琳凯公司。她们加班加点，辛勤工作，以无限的热忱投入到这项新兴的事业中来。因为他们的热情工作，公司的业绩直线上升。玫琳凯公司第一年的销售额是19.8万美元，这是一个伟大的成就。到第二年末，公司的业绩达到了令人难以置信的80万美元。玫琳凯的梦想真的实现了！

1964年9月13日，玫琳凯为公司举办了一周年庆祝会。200名员工聚集在达拉斯新办公室的仓库中，玫琳凯亲自准备了足够的鸡肉和沙拉招待她们，并颁奖给业绩最好的直销员。热忱的工作人员、高品质的产品、创新的行销理念，以及对于目标的强烈信念，不但构成了公司独一无二的特色，也使得玫琳凯公司成为美国最著名的创业公司之一。也使玫琳凯公司进入了发展的快车道。

1968年，玫琳凯公司出售19.5万股股份，得款234万美元，用于控制产品的生产过程。玫琳凯公司在达拉斯兴建27.5万平方英尺的厂房，几乎所有产品都可以自行生产。通过口碑相传，玫琳凯业务已遍及得州，并进入邻近地区路易斯安纳、俄克拉荷马、阿肯色以及新墨西哥州。

1969年，玫琳凯送出第一批粉红色凯迪拉克轿车给前五名的督导；玫琳凯的达拉斯工厂竣工。

1970年，玫琳凯化妆品公司在达拉斯兴建厂房。今天，玫琳凯化妆品公司拥有美国西南部最大的厂房。

1971年，成立第一家海外分公司——澳大利亚分公司。

1972年，拥有数千位员工及1800万美元营业额的玫琳凯公司，成为全国雇用最多妇女的私人企业之一。

1976年，公司股票在纽约股票市场上市。

1977年，该公司以现金700万美元，在达拉斯买下一栋8层楼的玻璃办公大楼，以容纳日渐壮大的管理中心。该中心配置了先进的电脑系统，记录所有直销人员的业绩。

1979年,玫琳凯第一位美容顾问的酬劳金累计超过100万美元,另外有200多人的酬劳金在100万以上。

在1963—1978年间,玫琳凯公司收入的年平均增长率为28%,1978年已拥有4.6万名直销员,5000万美元营业额。但是公司的政策不变,依然是先付款再取货。

1980年代,公司业务陷入低迷,股市一路狂泻。1985年,玫琳凯借钱买下了公司股票,把公司的产权移入自己的名下。紧接着,玫琳凯便对公司业务进行了大幅度调整,不断推出新的产品,重新印制公司以及产品的宣传资料等。同时,她也对人员结构进行了调整。玫琳凯把总裁的职位交给了年富力强的儿子,自己则退居幕后。公司业务进入稳定的持续发展中。

1980年,继澳大利亚之后,玫琳凯的业务又拓展到阿根廷市场。

1984年,《美国100家最值得员工工作的公司》一书首次出版,玫琳凯公司名列其中。

1985年,玫琳凯采用杠杆收购法回购所有流通股票,使玫琳凯公司回复私有、家庭式经营。

1992年,玫琳凯公司荣登《财富》杂志五百大企业之列。

1993年,玫琳凯再次成为"美国100家最值得员工工作的公司"之一,仅有55家公司连续两次上榜,并成为十家最值得妇女工作的公司之一;占地3000平方英尺,拥有30年直销历史的玫琳凯博物馆在总部建成;同年,在俄罗斯开了分公司。

1995年,玫琳凯化妆品公司第三次名列《财富》杂志"美国100家最值得员工工作的公司"。

1996年,销售业绩连续第十年持续增长,批发金额超过10亿美元。

1998年,玫琳凯化妆品公司第四次名列《财富》杂志"美国100家最值得员工工作的公司"之一。

2001年,玫琳凯公司因为建立了玫琳凯个人网站而被直销协会授予"行业创新奖",同时,它让独立美容顾问有机会拥有自己的网站。11月

22日，深受爱戴的玫琳凯·艾施女士于感恩节去世，享年83岁。

玫琳凯公司发展至今四十多年，业务覆盖全球40多个国家和地区，在全球拥有近160万名美容顾问，被评为全球500大企业之一，也是全美国最适宜女性工作的十家公司之一，全美100家最值得员工工作的公司，年销售额达40亿美元，全美脸部护肤品及彩妆品销量第一的世界知名品牌公司。玫琳凯·艾施女士的创业史使她成为享誉全球的商界风云人物，玫琳凯的梦想实现了，她也成为全世界最知名的富豪之一。

从5000美元到40亿美元，这是玫琳凯用自己的热情和努力创造的奇迹。罗马不是一天建成的，亿万富豪也绝不可能是一天就成功的，不管多高的收入，多大的财富，首先需要的，就是我们对工作充满无限的热情，并为工作作出不懈的努力和付出。

热情是工作的灵魂。没有热情，工作就不会有成绩，不会有成绩，又何谈什么成功呢？

但事实上真正拥有热情的人却并不多，所以这个世界上成功的人也就少之又少。据一家咨询公司的调查报告显示：在实际工作中，有82%的人视工作为苦役，迫不及待地想要摆脱工作的桎梏。剩下的人中，多达15%的人也并不是都喜欢工作的，大多数还是抱着漠视的态度，只把工作当成养家糊口的手段。只有很少的3%左右的人，全心全意地对工作倾注所有热情，而这些很少的人正是取得成功或即将取得成功的各界精英，他们的工作奇迹正是缘于热情创造来的。

美国著名人寿保险推销员法兰克·派特正是凭借着热情，创造了一个又一个奇迹。他回忆说：“当时我刚转入职业棒球界不久，就遭到有生以来最大的打击，因为我被开除了：我的动作无力，因此球队的经理有意要我走人。他对我说：‘你这样慢吞吞的，哪像是在球场混了20年。法兰克，离开这里以后，无论你到哪里做任何事，若不提起精神来，你将永远不会有出路。”

“本来我的月薪是175美元，离开那里之后，我参加了亚特兰斯克球队，月薪减为25美元。薪水这么少，我做事当然没有热情。但我决心改变自己，努力试一试。待了大约10天之后，一位名叫丁尼·密亭的老队员把我介绍到新凡球队去。在新凡的第一天，我的一生有了一个重大的转变。

我想成为球队最具热情的球员，并且做到了。我一上场，就好像全身带电一样。我强力地击出高球，使接球的人双手都麻木了。我以强烈的气势冲压倒对方，那位三垒手吓呆了，球漏接了，我成功了。当时气温高达38℃，我在球场上奔来跑去，极有可能中暑而倒下去。

这种热情所带来的结果让我吃惊，我的球技出乎意料地提高了，同时，由于我的热情，其他的队员也跟着热情起来。另外，我没有中暑，在比赛中和比赛后，我感到自己从没如此健康过。第二天早晨我读报的时候兴奋得无以复加。报上说：‘那位新加入进来的球员，无异是一个霹雳球手，全队的人受到他的影响，都充满了活力，他们不但赢了，而且是本赛季最精彩的一场比赛。’由于对工作和事业的热情，我的月薪由25美元提高到185美元，多了7倍。在后来的两年里，我一直担任三垒手，薪水加到当初的30倍之多。为什么呢？就是因为一股热情，没有别的原因。

后来在一次比赛中，由于手臂受伤，我不得不放弃棒球。来到菲特列人寿保险公司做保险员，但整整一年都没有成绩，我非常苦恼。后来，无意中我去听戴尔·卡耐基先生的成功学讲座。谁能想到，戴尔·卡耐基先生随手一指，竟要我当场发言。惶惶无主中，我战战兢兢立起身来，感觉手无处放，结结巴巴吐出一点声音来。‘等一等，先生，请等一等。’戴尔·卡耐基先生摇摇头，毫不客气地打断我：‘拿出生气来，年轻人，您这样讲话，哪一个爱听？没有热情，能打动谁？’

没有热情，能打动谁？就是这句话激起了我的信心与热情。我振作起来，不仅发表了一篇连我自己也吃惊的成功演讲，而且我对工作的态度也彻底转变。由于对工作充满热情，他的业绩得到迅速地提升。很快，他便成了人寿保险界的大红人。后来，他不无感慨地说：‘我从事推销30年了，见到过许多人，由于对工作抱有热情态度，他们的收效成倍地增加；我也见过另外一些人，由于缺乏热情而走投无路。我深信：热情的态度是成功推销的最重要因素。'"

不管是什么样的事业，要想获得成功，首先需要的就是工作热情。

比如说推销员。一个没有热情的推销员是不可想象的。正如派特所说的那样"没有热情你能打动谁?!"不仅打不动别人，把产品推销出去，而且要想把这个工作坚持下去，也很难。因为一个推销员可能会整日、整月、甚至整年地到处奔波，辛苦地推销商品，其所遭遇的失败不用说了，就是推销工作所耗费的精力和体力。也不是一般人所能吃得消的，再加上通常接二连三失败的打击，可想而知，推销员是多么需要热情和活力。可以说，没有诚挚的热情和蓬勃的朝气，推销员将一事无成。所以，推销员不仅要锻炼健康的体魄，更重要的是具有诚挚热情的性格。热情就是决定推销工作能否取得成功的首要条件，只有诚挚的热情才能融化客户的冷漠拒绝，使推销员，克敌制胜。

其实又何止是推销工作呢？不论什么样的工作，如果没有热情，也会让工作失去了灵魂，变得死气沉沉，毫无生机和活力。相反，那些具有无限热情的人，无论做什么样的工作，都能有声有色，充满活力。

大仲马这位享誉世界的作家，他一生活了 68 岁，到晚年自称毕生著书 1200 部。他白天同他作品中的主人公生活在一起，晚上则与一些朋友交往、聊天。

有人问他："你辛苦辛苦写了一天，第二天怎么仍有精神呢?"

他回答说："辛苦吗？我没觉得我辛苦呀。相反，我很高兴，不写作对于我来说才是一种折磨。"

"那是怎么回事呢?"

"我不知道，也许这就和一棵梅子树结出梅子是一样的吧。有一种热情的力量在驱动我努力去写。我就不觉得累，更不觉得苦了。"

是的，这正是热情的作用。对工作投入100%的热情，比对工作投入100%的智慧更有效率。因为有热情就能激发潜能，有热情就能全身心地投入，有热情就能干劲十足，精力充沛，有热情就能神情专注，有热情任何事都会变得轻而易举，热情让人更自信，热情让人更勤奋，热情让人激情勃发，青春永驻……有时候成功与其说取决于人的才能，不如说取决于人的热情。热情是工作的灵魂，热情是做好工作的重要支撑，热情是走向成功的必不可少的动力之源。有了热情，再辛苦的工作也会变成一种乐趣了。

麦当劳有一位员工，他的工作是烤汉堡。他每天都很快乐地工作，尤其在烤汉堡的时候，他更是专心致志。许多顾客对他为何如此开心感到不可思议，十分好奇，纷纷问他："烤汉堡的工作环境不好，又是件单调乏味的事，为什么你可以如此愉快地工作并充满热情呢?"

这个烤汉堡的人说："在我每次烤汉堡时，我便会想到，如果点这汉堡的人可以吃到一个精心制作的汉堡，他就会很高兴，所以我要好好地烤汉堡，使吃汉堡的人能感受到我带给他们的快乐。看到顾客吃了之后十分满足，并且神情愉快地离开时，我便感到十分高兴，仿佛又完成一件重大的工作。因此，我把烤好汉堡当做我每天工作的一项使命，要尽全力去做好它。"

顾客听了他的回答之后，对他这样的工作态度都感到非常钦佩。他们回去之后，就把这样的事情告诉周围的同事、朋友或亲人，一传十、十传百，很多人都喜欢来这家麦当劳店吃他烤的汉堡，同时看看"快乐烤汉堡的人"。

顾客纷纷把他们看到的这个人认真、热情的表现，反映给公司。公司主管在收到许多顾客的反映后，也去了解情况。公司有感于他这种热情积极的工作态度，认为值得奖励和栽培。

没几年，他便升为分区经理了。

热情是工作的灵魂，甚至就是生活本身。拥有热情，才能对工作有十二分的认真和责任，才能把工作做到最好。

热情是一种强劲的激动情绪，一种对人、事、物和信仰的强烈情感。它发自内心，又深入内心。它是一个人保持高度的自觉，就是把全身的每一个细胞都调动起来，完成他内心渴望完成的事业的一种勃发的精神状态。

热情可以创造奇迹，热情有着无法抵御的魅力，热情还有着锐不可当的威力。历史上有许多依靠个人热情改变现实的事迹。

拿破仑在第一次远征意大利的行动中，只用了15天时间就打了6场胜仗，缴获了21面军旗，55门大炮，俘虏15000人，并占领了皮德蒙德。在拿破仑这次辉煌的胜利之后，一位奥地利将领愤愤地说："这个年轻的指挥官对战争艺术简直一窍不通，用兵完全不合兵法，他什么都做得出来。"

拿破仑发动一场战役只需要两周的准备时间，换成别人可能需要一年。这种差别正是因为他有着无与伦比的热情，还有那些根本不知道失败为何物的满腔热情地跟随着他的那些士兵，从一个胜利走向另一个胜利，让战败的奥地利人目瞪口呆。

人是很奇妙的，每个人内心都有热情，能感受强烈的情绪，这种内心的情感却正是驱动我们奋发进取、走向卓越、影响别人、成就自己的关键因素。凭借热情，我们可以释放出潜在的巨大能量，补充身体的潜力，培养出一种坚强的个性；凭借热情，我们可以把枯燥无味的工作变得生动有趣，使自己充满活力，培养自己对事业的狂热追求；凭借热情，我们更可以获得领导的提拔和重用，赢得宝贵的成长和发展的机会；凭借热情，我们可以感染周围的同事，让他们理解你、支持你，拥有良好的人际关系；凭借热情，可以使原本平凡的你变得卓尔不群，让人过目难忘。

对工作的热情，可以让我们把枯燥乏味的工作变得生动有趣，使自己充满活力，培养自己对事业的狂热追求，我们更可以获得领导的提拔和重用，赢得珍贵的成长和发展机会。所以不管从事什么样的职业，要想获得成功，首先需要的就是工作热情。任何人，只有具备了这个条件，才能获得成功。

曾经有一个擦鞋匠，他从事擦鞋工作已经多年，他一直非常热爱自己的工作，他为自己过着幸福的生活为拥有当地最好的擦鞋水平而感到自豪。

其他的人很奇怪，就问他："我们看着都觉得你很辛苦，你怎么还会一直喜欢你的工作呢？"

"我擦完鞋之后，看到每个人都能够穿着一双光鲜的鞋上路，这是多么令人自豪的一件事。既然我干了这一行，那我就要成为一个最伟大的擦鞋匠。"擦鞋老人说。

这位擦鞋匠把每擦好一双鞋，并让鞋的主人开心当做是自己的工作使命。对他而言，这是一件有意义的工作，所以他热情满怀地去做，收获的，却是人生的惬意和满足。

热情是实现愿望最有效的工作方式。如果你能够让人们相信，你的愿望确实是你自己想要实现的目标，那么即使你有很多缺点别人也会原谅你。只有那些对自己的愿望有真正热情的人，才有可能把自己的愿望变成美好的现实。

热情只能是从内燃烧，而不是从外促进。自己对于工作的热情要靠自己发掘，自己的工作士气要由自己负责，天下没有任何一家机构或者任何一个主管能够为你承担这个责任。

不要怀抱着不切实际的想法，以为别人会负责为你加油打气，或是给你更刺激、更具挑战性的工作。我们得靠自己的力量，才能够从事业生涯中获得意义。正如一位著名企业家所说："成功并不是几把无名火所烧出来的成果，你得靠自己点燃内心深处的火苗。如果要靠别人为你煽风点火，这把火恐怕没多久定会熄灭。"激发并保持自己的热情，在努力工作中寻找到工作的乐趣和意义，对于成就自己的美好人生，相当重要的。所以，千万不要丢掉了自己的热情，而应当尽一切的努力保持这种热情。

一要激发自己对工作的兴趣。你对一件事了解得越多，你就会对它越感兴趣。想想看，你对你没接触过的东西会感兴趣吗？绝对不会，甚至你可能根本也没兴趣去接触它。可是，一旦你对这件事的了解多起来，你就越能发现其中的乐趣。所以，你不妨对于你的工作多做些研究，多思考其中的窍门，这是个很有效的技巧，你会发现你不仅增强了工作的技能，而且更能从工作中感受到乐趣。

没有什么工作是值得轻视的，也没有什么工作是你不能从中感受到乐趣的。很多人轻视和厌烦他们所从事的工作，他们一定会把自己的工作看成是每天在毫无意义地敲打大石头呢！想想这样的人，他们从周一干到周五，是一件多么受折磨的事情啊。还有一些人有一种浪漫主义的想法，以为只有某些行业的工作才是有意义的，比如说做律师啊，金融啊。实际上，能不能从工作中感受到乐趣和激情，这是一种能力，或者说是一种习惯。如果没有养成这种习惯，做什么工作可能都不会踏实。当你养成了这种习惯，在任何工作中你都能发现乐趣。世界顶级的希尔顿饭店的总裁曾经说过："我们饭店最普通的工作人员都热爱自己的工作。你能想象在勤杂业的爱因斯坦吗？如果你不能想象，那你就没有资格在这个行业里混。"

二是激发自己的欲望。有欲望的人才会成功。你要做的就是要把这种欲望转化为熊熊的火焰，让这火焰把自己燃烧起来。

杰克·韦尔奇在自传中写道：

"每次我去克罗顿维尔，向一个班级提问，拥有什么样的素质才能称得上一名'顶级的玩家'，我常常高兴地看到第一个举起手来的人说：'是工作热情。'对我来说，极大的热情能做到一美遮百丑。如果有哪一种品质是成功者共有的，那就是他们比其他人更在乎。没有什么细节因细小

而不值得去挥汗，也没有什么大到不可能办到的事。多年来，我一直在我们选择的领导中挖掘工作热情，热情并不是浮夸张扬的表现，而是某种发自内心深处的东西。”

什么东西能够激发一个人为了完成一件任务可以几天几夜不眠不休？可以承受几年甚至更长的时间去做琐碎细致的工作而一直追求卓越？可以面对任何困难毫不退缩？可以面对无数次拒绝仍然不会放弃？可以不惜一切代价地去做事不达目的绝不罢休？是进取的热情。

三是学会保持自己的工作热情。

有时候工作压力太大，使我们久陷压抑之中，激情不再，热情消失，让我们无精打采、垂头丧气和对什么都漠不关心，从热爱工作到应付工作再到逃避工作，使我们前途受损，信心更是遭受毁灭性的打击。这就需要我们重新去找回激情，保持激情。

如何恢复对于工作的激情呢？美国著名激励大师博西·崔恩针对如何恢复工作激情，提过五点建议：

1. 不要把对工作的兴趣当成我们工作激情的来源。对工作的兴趣固然重要，但激情并非一定要有兴趣才能产生。兴趣可以培养。你可能因为兴趣而选择了某一种职业，但是做久了，你会发现，支持你充满激情做下去的不再只是初始的兴趣，更多的是一种责任，一种因为熟悉而产生的眷恋，一种因为取得成绩而坚持下去的信心。这个时候兴趣已经转化为一种更加深厚的情绪了。

2. 把你工作当事业来做，为它定一个完美的目标，每一天都坚持不懈地为目标努力，并且让自己看到自己的哪怕微小的进步。有一句话是：“今天的成就是昨天的积累，明天的成功则有赖于今天今天的努力。”把工作和自己的职业生涯联系起来，为对自己未来的事业负责，你会容忍工作中的压力和单调，觉得自己所从事的是一份有价值、有意义的工作，并且从中可以感受到使命感和成就感，从而唤回巨大的热情。

3. 树立新的目标。保持长久激情的秘诀，就是给自己不断树立新的目标，挖掘新鲜感。把曾经的梦想拣起来，找机会实现它，审视自己的工作，看看有哪些事情一直拖着没有处理，后把它做完……在你解决了一个又一个问题之后，自然就产生了一些小小的成就感，这种新鲜的感觉就是让激情每天都陪伴自己的最佳良药。

4. 如果压力不能作为动力，那就应当放跑它。我们常常会说，压力就是动力，可以更加促进我们的工作，更加激发出我们的工作热情。但是一旦压力超过我们能承受的度，压力就会无情地打压我们的自信，销蚀我们的热情，让我们失去生机和活力。所以，当我们面对不能成为动力的压力时，那就是压力太大了，需要我们适当地释放压力，重拾自信、勇气和激情。

5. 任何时候都不要骄傲自满。在工作中，最需要注意的是自满情绪。自满的人不会想方设法前进，对工作就会丧失激情。如果你满足于已经取得的工作成绩，忽略了开创未来的重要性，那么现在这个阶段的工作自然会丧失其吸引力。当你把过去的成绩当做激励自己更上一层楼的动力，试图超越以往的表现，激情就会重新燃烧起来。

5　细心，不放过每一个细节

细致的工作态度对于一个想有所成就的人来说，是非常重要的。因为细节决定成败，很多时候，细节恰恰是一切的关键。

著名的华裔建筑师贝聿铭，他认为自己一生的作品中最大的败笔是北京香山宾馆。

实际上，在香山宾馆的建筑设计中，贝聿铭对其中里里外外每条水流的流向、大小、弯曲程度都有精确的规划，对每块石头的重量、体积的选择以及什么样的石头叠放在何处最合适等等都有详尽的安排，对宾馆中不同类型鲜花的数量、摆放位置，随季节、天气变化需要调换成什么样的鲜花等等都有明确的说明，可谓匠心独具。

但是，在具体施工期间，工人们完全无视这些“细节”的要求，根本没有意识到正是这些“细节”方能体现出建筑大师的独到之处，他们随意“创新”，改变水流的线路和大小，搬运石头时不分轻重，在不经意中“调整”了石头的重量甚至形状，石头的摆放位置也是随随便便。因此，最后建设完工的香山宾馆已经与当初的设计相距甚远，大相径庭了。正因为如此，它才被贝聿铭称为他设计作品中的最大败笔了。

细节决定成败，魔鬼就藏在细节里。在日常工作中，人们总是愿意去关注那些大的事情、大的问题，而不愿去关心那些细小的问题，认为它们太“小”，完全没有必要在这上面耗费太多的精力和时间。殊不知小问题容易出现大纰漏。一个不起眼的小细节有可能会葬送一个大项目。因此，养成细致精确的态度是非常重要的。

在日常工作中，人们总是愿意去关注那些大的事情、大的问题，而不愿去关心那些细小的问题，认为它们太“小”，完全没有必要在这上面耗费太多的精力和时间。殊不知小问题容易出现大纰漏。一个不起眼的小细节有可能会葬送一个大项目。因此，对小细节应引起足够的重视。

大的错误也许会引起人们足够的重，但小的错误人们往往会麻痹大意，一带而过。其实，只要是错误我们就应该注意，往往小的错误更容易造成大的损失。员工要出类拔萃，对细节就应特别注意。

有一天，一位中年妇女从对面的福特汽车销售店走进了吉拉德的汽车展销室。她说自己很想买一辆白色的福特车，就像她表姐开的那辆，但是福特车行的经销商让她过一个小时之后再去，所以她过这儿来瞧一瞧。

“夫人，欢迎您来看我们的车。”吉拉德微笑着说。这位妇女兴奋地告诉他：“今天是我 55 岁的生日，我想买一辆白色的福特车送已作为生日礼物。”

“夫人，祝您生日快乐！”吉拉德热情地祝贺道。随后，他轻声地向身边的助手交代了几句。

吉拉德领着她从一辆辆新车面前慢慢走过，边看边介绍。在来到一辆雪佛莱车前时，他说：“夫人，您对白色情有独钟，瞧这辆双门式轿车，也是白色的。”就在这时，助手走了进来，把一束玫瑰花交给了吉拉德。他把这束漂亮的鲜花送给那位中年妇女，并再次对她的生日表示祝贺。

那位妇女感动得热泪盈眶，非常激动地说：“先生，太感谢您了！已经很久没有人给我送过礼物。刚才那位福特车的推销商看到我开着一辆旧车，一定以为我买不起新车，所以在我提出要看一看车时，他就推辞说需要出去收一笔钱，我只好上您这儿来等他。现在想一想，也不一定非要买福特车不可。”就这样，这位妇女在吉拉德这儿买了一辆白色的雪佛莱轿车，吉拉德对于细节的重视最终使那位妇女改变了只买福特车的想法而转买了雪佛莱轿车。对于细节的把握，正是使吉拉德成为优秀的员工重要原因。

千里之堤，毁于蚁穴。看似无关紧要的，微小的东西却往往具有惊人力量。但很多人却不明白这个道理，太多的人，总不关注小事和事物的细节。忽略小事和事物的细节，没有一个细致精确的工作态度，也是使一个员工流于平庸的重要原因。

曾被《华尔街日报》誉为“态度之星”的凯斯·哈维尔在其著作《态度万岁》中指出：要培养态度，首先必须先找出人生“目标”与“热情”没有“目标”与“热情”，很容易迷失方向，深陷于挫折中。有了梦想，立即把它写下，并为它定下可操作的行动策略，只要目标一确定，就告诉自己，“永不放弃、永不停止”，勇敢面对任何的挫折及挑战。

态度不仅决定专业人员的事业高度，也会决定其他工作者的价值。“现在专业知识很容易就可以学到，甚至在网络上就可以学到制造核弹的方法，态度已经成为决定员工价值的关键。”台湾飞利浦人力资源中心副总经理林南宏肯定地指出。

而细致精细的态度更为重要,因为细节往往是容易忽略也是容易出错的地方。要想成为一个出色的员工,就要想别人没有想到的,做别人没有做到的。只有以小事为突破口,在细节处下足工夫,在别人忽略之处做足文章,你才能在与别人的竞争中脱颖而出。

曾就读于哈佛大学机械制造系的高才生史蒂芬,非常希望能进入维斯卡亚公司工作。

20世纪80年代,维斯卡亚公司是美国最著名的机械制造商,它的产品销往世界各地,并代表着当时重型机械制造业的最高水平。很多人毕业之后到这家企业求职都遭到了拒绝,原因常简单,这家企业的技术人员已经饱和了,根本不再需要任何技术人才。不过,该公司提供的优厚待遇与令人艳羡的工作职位依旧诱惑着那些有志的求职者,史蒂芬对其也憧憬已久。

最终,史蒂芬进了该企业,但他做的并不是技术人员,而是到车间内打扫废铁屑。但是他并未轻视这项工作,而且乐意接受了这种既简单又辛苦的工作。他不仅将铁屑打扫得十分干净,而且还利用清洁工到处走动的特点,细心观察了整个企业中每个部门的生产情况,并且一一做了详细的记录,发现了一些技术性问题,于是仔细研究解决的方法。

维斯卡亚公司在20世纪90年代初时被退回了很多订单,都是因为产品质量出现了问题,为此企业遭受了巨大的损失。于是,公司董事会召开紧急会议,商讨对策,在会议进行了很长时间后仍没有任何眉目时,史蒂芬突然闯进了会议室,要求见总裁。

史蒂芬在会议上将出现这个问题的原因做了让人信服的分析,并就工程技术上的问题提出了自己的观点,接着拿出了自己对产品改造的设计图。他提供的设计很先进,也保留了原来机械的优点,同时解决了已经出现的弊病。当总裁和董事会的各位董事看到这个尽职尽责的清洁工这么精明懂行时,都好奇地询问他的背景。结果,史蒂芬当即被提升为负责企业生产技术方面的副总裁。

一个重视细节，能够将小事做细、做好的员工，无论到哪家公司工作，都会得到老板的赏识。因为只有重视每一个工作细节，计划的执行才会落到实处，才会得到预期的效果。而如果一个人不能把小事做好，不愿意注细节问题，缺乏应有的责任感，那么他就不会成为一名出色的员工，而不出色的员工，是永远也不会受到企业欢迎的。

成功者的共同特点，就是能做小事情，不放过任何小事，越是小事越是用心，做好每一个细节。他们有着认真严谨的工作作风，知道每一件小事的重要，每一件小事都必须用心去做，这样才能见微知著，见端知末。

希尔顿饭店的创始人康尼·希尔顿就是一个在“细节”上追求完美的人。他要求他的员工：“大家牢记，千万不要把忧愁摆在脸上！无论饭店本身有何等的困难，大家都必须从这件小事做起，让自己的脸上永远充满微笑。这样，才会受到顾客的青睐！”正是这小小的要求，让希尔顿饭店享誉全球。

一家企业的副总布迪特曾入住过希尔顿饭店。那天早上刚一打开门，走廊尽头站着的服务员就走过来向布迪特先生问好。让布迪特先生奇怪的并不是服务员的礼貌举动，而是服务员竟然喊出了自己的名字，因为在布迪特先生多年的出差生涯中，在其他饭店住宿时从没有服务员能叫出客人的名字。

原来，希尔顿饭店要求楼层服务员要时刻记住自己所服务的每个房间客人的名字，以便提供更细致周到的服务。当布迪特坐电梯到一楼的时候，一楼的服务员同样也能够叫出他的名字，这让布迪特先生非常纳闷。服务员于是解释：“因为上面有电话过来，说您下来了。”

吃早餐的时候，饭店服务员送来了一个点心。布迪特问：“这道菜中间红的是什么？”服务员看了一眼，然后后退一步做了回答。布迪特又问旁边那个黑黑的是什么。服务员上前看了一眼，随即又后退一步作答。

布迪特询问服务员为什么每次都要后退一步。服务员回答说是为了避免自己的唾沫落到客人的早点上。

在对待工作时，细致是万万不可缺少的。只有将细节、小节、小事做到极致，才算做好了自己的本职工作。也才真正明白了细节的重要。

学会在细节上下工夫，才能把握事情的关键，有助于事业的成功。

有这样两位秘书：在帮领导购买到车票之后，一位秘书只是把一大把车票直接交上去，这样一来，车票杂乱无章，不但不容易查清时刻，而且容易丢失；另一位秘书却把生西装进一个大信封，并且在信封上详细地注明列车的车次、座位号和起程、到达的时刻。很显然，后一位秘书是一个有心人，她很注重细节，虽然只是在信封上写了几个字而已，却方便了领导，并大大节省了领导的时间。

正是因为后一位秘书能在细节上下足功夫，她能够得到老板的青睐也就是理所当然的事了。

细节、小事都是不那么惹人注意、容易被忽略的事情，对个人而言，这些不那么重要的事如果放到企业的大环境里可能就不再是小事。

“泰山不拒细壤，故能成其高；江海不择细流，故能就其深。”要做好自己的工作，一定要关注细节，注重小事，而不要有“小事没关系”、“差不多就行”这样的想法。

“这是小事一桩，无关紧要”，“不要吹毛求疵”、“这些鸡毛蒜皮的小事，不值得一提”，“工作做完就好，不用太过用心”等这样的语句，都反映出了有些员工对于工作的漠视和对于细节的忽视。事实上，只有从小事做起，把每一件小事做好了，才能成就大事。因为任何大事其实都是由小事积累而成的，只有做好小事，才能练就成大事的本领。

汤姆·布兰德 20 岁时就进入福特公司的工厂做了一名小杂工。一开始，他就对工厂的生产情况做了一次全面的了解。他知道一辆汽车的生产大约要经过13个部门的合作，而每一个部门的工作性质各不相同。

杂工不是正式工人，没有固定的工作场所，哪里有零活就要到哪里去。杂工的工作使他对各部门有了初步的了解。

后来，他又申请到椅垫部工作。不久他又申请调到点焊部、车身部、喷漆部、车床部等部门去工作，最后他又决定申请到装配线上去工作。在不到五年的时间里，他把这个厂各部门的工作都做遍了。

他的父亲十分不解，他质问汤姆："你工作已经五年了，总是做些焊接、刷漆的小事，怎么能成就一番大事业呢？"

"爸爸，你不明白。"汤姆笑着说："我并不急于当某一部门的小工头，而是以能胜任领导整个工厂为工作目标，所以我必须花点时间了解整个工作流程。我正在利用现有的时间做最有价值的事情，我要学的，不仅仅是一个汽车椅垫如何做，而是整辆汽车是如何制造的。"

几年之后，汤姆·布兰德升到了统管汽车制造的总领班的职位。

一个人不怕能力不强、机遇不好，就怕态度不端正。很多人功败垂成不是因为没有能力，而是因为对一些所谓"小事"的忽视。

要想实现有价值的人生，就要重视好身边每一件小事学会从点滴的工作中积累经验。工作中大多是一些林林总总的小事，如果员工认为这个不值得干、那个不愿做，那么就会在碌碌无为中迷失自我，到头来只会是一事无成。

养成细致扎实、精细准确的工作态度，才能把任何小事都做到最好。其实小事人人都会做，只不过看谁更细心、态度更端正。

比如最常见的办公室工作。这里事无巨细，关系全局，每个环节、每个细节都要精益求精，任何一个环节、细节被忽略、出了错，势必影响整体工作质量和效率。如接个电话、编条信息、收个传真、发个文件等，看起来是小事，但件件都与全局日常运转紧密相连，办好了是小事，而出现纰漏或闪失，就成了大事。再比如，接访过程中，一杯水，一个温暖的眼神，就能消除上访者的愤怒；通知文件中，一个精益求精的字，就能准确传达领导意图。反之，接待过程中，一个冷漠的眼神，可能导致客人的反感；会议组织过程中，一个话筒、一个座牌都会影响会议质量；通知文件中，一个错字，可能歪曲领导意图，影响整个工作的性质。所以，办公室工作无小事，事无巨细都要做到科学严谨，一丝不苟，全面周密，滴水不漏。

所有的成功者，每天都和我们一样做着微不足道的小事，结果却大相径庭。是因为成功者从不认为自己所做的事是小事，他们始终认为，现在所做的“小事”也能体现自己的能力，锻炼自己意志力，所以会用做大事的心态做这些“小事”。他们这是在为以后的成功铺路，他们目光所及之处，是辽阔无边的沃野，是浩瀚无边的大海，而在常人眼中，现在所从事的工作，只是毫无生机的枯草和茫茫无际的沙漠。这就是区别。

成功并非偶然，没有谁能“随随便便成功”，也没有什么结果是没有原因的。重视小事、关注细节，对小事情的处理方式，从另一个角度昭示了成功者之所以成功的重要原因。所以千万不要认为自己没有机会做成大事而总是在做这些无意义的小事而自卑、而恼火，甚至认为自己吃了亏。要以做大事的心态来做好每一件小事，把最细微的工作做到最后，最终，你就会收获细心带来的奇迹。

6 全力以赴，向着最好和最完美进发

对一个人而言，“全力以赴”到底意味着什么？对这一问题没有统一的答案，因为“全力以赴”的意义对不同对象来说有着不同的诠释。

对于马拉松选手而言，它是“感觉体力用尽之后，再多支撑十里路。”

对于拳击手而言，它是“从地上一再爬起来，爬起来的次数总比被击倒的次数多一次。”

对于士兵而言，它是"不管山头上有多少敌军火力，先把它攻下来下来再说。"

对于传教士而言，它是"向习以为常的舒适环境道别，转而造福别人的生命。"

一个人，如果真能做到全力以赴，那么，创造什么样的奇迹也不会令人感到惊奇。

24 岁的海军军官卡特，应召去见海曼·李特弗将军。在谈话中，将军非常特别地让他挑选任何他愿意谈的话题。

当他好好发挥完之后，将军就总问他一些问题，结果每每将他问得直冒冷汗。终于他开始明白：自认为懂得很多的那些东西，其实懂得很少。

结束谈话时，将军问他在海军学校学习成绩怎样。他立即自豪地说："将军，在 820 人的一个班中，我名列 59 名。"

将军皱了眉头，问："你全力以赴了吗？"

"没有。"他坦率地说，"我并不总是全力以赴的。"

"为什么不全力以赴呢？"将军大声质问，瞪了他许久。此话如当头棒喝，给卡特以终生的影响。此后，他事事全力以赴，后来最终成为美国总统。

伟大人物对使命全力以赴可以谱写历史，普通员工对工作全力以赴则可以改变自己的人生。

有人问一家餐馆老板成功的秘诀。他说自己的成功得益于在一家欧洲大饭店的厨房工作的经历。在那里，他学到了成功的关键是全力以赴把一切做到 100%的完美，不管是复杂的主菜，还是简单的附餐。他说："如果你做法式炸薯条，就把它做成世界上最好的法式炸薯条。"

但有很多的员工，虽说人在上班，但心根本不在，没有一种尽职尽责的理念,更没有一种全力以赴的态度,生怕多做了一点就会吃亏,因而工作松松垮垮,上班拖拖拉拉。上班的人 8 点钟打卡,就开始盼望着 5 点钟的下班铃声;不管是管理人员还是一般职员,都把工作当做是两个周末之间的插曲,而且大家都喜欢说:“别太卖力啦!”搞财务的算起来错误连篇,写出来的账目,满纸涂改,也觉得没什么;推销人员一出差一周,回来还是一无所获,也认为自己并没有偷懒。

还有一些员工,人在岗位,心却不知道去了哪里。任何事情,一经过他的手,别人就再也不能放心,不得不再去复核一次,他做事情永远是错误多端,粗糙拙劣。这样的人,如何会有好的前途?

一位老板要提拔一名员工,当然要挑选办事稳妥、迅速周到的人。他们绝不会看中那些拖拉懒惰、做事总是留下后遗症而必须经人东修西改的人。他们最满意的人,做起事来必须有条不紊,不怕劳苦。所以,用心工作,全力以赴,把自己的工作做到最好,才是真正聪明的方法,也才是真正不会吃亏的方法。

全力以赴是什么?就是在任何时候、对任何事情,都能做到全心全意,倾尽全力,不达到目标就一直不停地想办法,一直不停地为之努力的一种工作态度,而不是稍稍努力一下就算了,不管结果怎么样的态度。

七岁的鲍比放学回到家,发现妈妈不在家,门锁着,鲍比很发愁,因为他没有钥匙。等了几分钟,妈妈还是没有回来,鲍比便试着打开门旁边的窗户。由于里边反锁着,无论他怎么用力也打不开。

于是鲍比又绕到房子的后面。他试图打开厨房的后门,但仍然失败了。沮丧的鲍比一屁股坐在门前的台阶上。这时,邻居家的威尔逊老先生走了过来,“小伙子,怎么了?”鲍比说:“哦,妈妈出去了,我想尽所有的办法也进不去。”威尔逊老先生说:“不,你没有想尽所有办法,至少你没有请求我的帮助。”说着他摊开右手,上面放着鲍比的母亲出去前留下的钥匙。

俗话说，想办法就会有办法。不管多难的问题，只要你真的尽一切力量去想办法，最后终究是会得到解决的，所谓“方法总比问题多”。所以，当工作中遇到难题的时候，不妨多问问自己：“我想尽所有的办法了吗？”、“我真的全力以赴了吗？”当你为低劣的工作能力发愁不已时，当你被低绩效所左右时，不妨静心自省，用上述问题反问一下自己。很多时候你会做出肯定的回答，但实际上你并没有做到想尽办法、全力以赴，当然，你的低绩效也不会因为你的消极沮丧而有所改观，只有真正想尽办法改善绩效、全力以赴地执行任务，你才有可能跻身公司的金牌员工之列。

职场上没有一个高效员工不是全力以赴的。美国航空公司的艾德·麦克尔罗伊在谈到全力以赴的重要性时说：“立定心志，全力以赴，就能赋予我们源源不断的能力。无论遇上什么状况一疾病、贫穷或灾难——都不能使我们将目光转离终点，如果你的奋斗终点是高效执行力，不屈不挠、全力以赴的精神，一定会让你越来越接近这个工作境界。

张艺谋的成功在很大程度上来源于他对电影艺术的至诚热爱和忘我投入。正如传记作家王斌所说的那样：“超常的智慧和敏捷固然是张艺谋成功的主要因素，但惊人的勤奋和刻苦也是他成功的重要条件。”拍《红高粱》的时候，为了表现剧情的氛围，他带人亲自去种出一块100多亩的高粱地；为了“颠轿”一场戏中轿夫们颠着轿子踏得山道尘土飞扬的镜头，张艺谋硬是用大卡车拉来十几车黄土，用筛子筛细了，撒在路上；在拍《菊豆》中杨金山溺死在大染池一场戏时，为了给摄影机找一个最好的角度，更是为了照顾演员的身体，张艺谋自告奋勇地跳进染池充当“替身”，一次不行再来一次，直到摄影师满意为止。

全力以赴不仅意味着不畏辛劳、全身心地投入，更意味着一种献身的热情与勇气。如果一个人为了事业，可以不顾惜脸面，甚至不顾惜生命，那么，就没有什么困难克服不了，没有谁能与之匹敌。

1986年，摄影师出身的张艺谋被吴天明点将出任《老井》一片的男主角。没有任何表演经验的张艺谋接到任务后，二话没说，下农村去了。

他剃光了头，穿上大腰裤，露出了光脊背，吃住在太行山一个偏僻、贫穷的山村。每天他与老乡一起上山干活，一起下沟担水。为了使皮肤粗糙、黝黑，他每天中午光着膀子在烈日下暴晒。为了使双手变得粗糙，每次摄制组开会，他不坐板凳，而是学着农民的样子蹲在地上，用沙土搓揉手背。为了电影中的两个短镜头，他打猪食槽子连打了两个月。为了影片中不足1分钟的背石镜头，张艺谋实实在在地背了两个月的石板，一天3块，每块150斤。

在拍摄过程中，张艺谋为了达到逼真的视觉效果，真跌真打，主动受罪。在拍“舍身护井”时，他真跳，摔得浑身酸疼；在拍“村落械斗”时，他真打，打得鼻青脸肿。更有甚者，在拍旺泉和巧英在井下那场戏时，为了找到垂死前那种奄奄一息的感觉，他硬是三天半滴水未沾、粒米未进，连滚带爬拍完了全部镜头。

张艺谋因此而荣获第2届东京国际电影节最佳男主角奖，中国第11届百花奖最佳男主角奖，第8届金鸡奖最佳男主角奖。导演吴天明这样评价说：“如果我们的专业演员都能下艺谋这样的苦功，我国银幕上虚假的表演不是可以大大减少吗？如果我们的电影创作者都能像艺谋那样全身心地扑到事业上，中国电影还愁赶不上世界先进水平吗？”吴天明的这段话，对于我们每个人，事实上都是很好的诘问。

与张艺谋有过接触的人，都知道他是一个工作狂。一旦他在做一件事，一旦他在思考一件事，他可以不吃不睡连轴转，而且又总是乐此不疲。

在拍摄电影时，张艺谋的工作精神让许多人都佩服不已。白天拍了一天戏，晚上还要开会讨论剧本，而第二天早晨在分镜头时，人们又会发现许多他自己新创作出的场景和对话。算起来，他每天至多睡四五个小时。而有了剪辑机以后，他每天在开完会后还要剪片，以便发现问题，及时补救。这样一来，他的睡觉时间每天实际上也就两三个小时了。

张艺谋最大的爱好就是侃艺术、侃剧本。在这一过程中，电影的基本创作思路和情节安排常常就敲定下来了。为了一个问题，他可以一夜不睡，与人侃个没完。最常见的情形是，与他对侃的人都支撑不住而昏然入睡，而他仍旧精神饱满。这里，体力固然是很重要的一个方面，但若没有热爱艺术这一精神支柱，没有谁能长期坚持下去，并创造出这样辉煌的艺术成果。

张艺谋说："我不想做稳稳当当高悬天际的恒星，而宁可像一颗流星那样，虽然转瞬即逝却全部闪出它灼目的光芒。"这就是张艺谋的人生观，他要把生命与艺术创作联系起来，人、心全意、全力以赴地为艺术而奉献自己全部的智慧、热情、精力，甚至生命。

可见只有全力以赴才能做到最好，就算你是天才，也需要有一个全力以赴的态度，一个全心全意的理念。

在工作的推进过程中，任何员工都不得不面对这样一个事实：无数的工作障碍和壁垒像一座座不可逾越的山峰，阻碍着任务的执行。在这种情况下，唯有全力以赴才能突破阻碍，让你高效率地完成任务。

全力以赴可以让你把工作做得比别人更完美、更迅速、更正确、更专注，全力以赴可以调动你全部的智力，帮你从旧事中找出新方法，全力以赴可以为你抓住机遇，扩大你发挥才能的空间，把你要做的事情做到最完美。

米开朗基罗 30 岁的时候，当时的教皇米利安二世要求他在梵蒂冈一座没人注意的小教堂的顶棚上，画一幅耶稣十二门徒的画像。这是一项十分具有挑战性的工作，对于热衷于雕刻的米开朗基罗来说更是如此。他很明白这是一些艺术界劲敌故意把他推到教皇面前干这件不讨好的差事。若推辞，教皇可能就不再用他；若接受，这项工作可能叫他交不出像样的成果。

但令他的艺术劲敌万万没想到的是，米开朗基罗迫于这样的形势，加上教皇的再三敦促，他决定接受这个挑战。后来发生的一切都出乎那些狡猾的艺术劲敌所料。艺术在米开朗基罗眼中是一项比生命还重要的事，他从不允许自己有哪怕一丝敷衍应付的想法出现。在他的"不做则己，要做就要全力以赴”的做事原则的支持下，他，在高架平台上整整画了四年。他没有简单地把耶稣十二门徒的画像画在顶棚上，而是做了一幅包含描述上帝创造世界的九大景象和包括400多位人物的旷世名作。

全力以赴的工作精神是米开朗基罗取得卓越艺术成就的根基。他的全力以赴的工作精神不仅让教皇深受感动，也震撼了整个艺术界。

全力以赴的工作精神是自发的，别人强迫不来，也约束不了。只有从思想上以及行动上去实践它，才能使之发挥作用，养成全力以赴的习惯。只说不做的“全力以赴”，充其量只不过是口头上的漂亮话，对个人实际能力的提高毫无帮助。说和做是有一定差距的，只有通过实际行动，才能实现最初的梦想。一言以蔽之，真正的全力以赴必须接受行动的考验。

在考验过程中，首先要为自己制定一个衡量自己是否全力以赴的指标。很多时候，你以为自己已经全力以赴去做一件事了，但实际上你并没有做到这一点，正如前面提到的鲍比的故事。

有了这样一个衡量指标，在具体行动时你就可以随时拿出来衡量自己的行为。尤其在执行任务步履维艰、似乎无路可走时，更应拿出标尺来加以衡量。或许你会惊讶地发现，你的行动远没有达到全力以赴的行动力自然是无力的，行动结果自然是低效的。

有的人轻视自己的工作，有的人总担心自己努力了会吃亏，因而他们不肯全力以赴地来做。他们会说：“这份工作不值得我做。我这么聪明能干的人，不应该去做这么卑微的事。”这样的想法只会让他不满不安，不快乐，最终失去了这份工作，到时候，受到损害的不是这份工作，因为自有别人接手去做，真正受害的是他自己，是他自毁前程。

做事全力以赴，不但能够使你迅速进步，并且还将大大地影响你的性格、品行和自尊心。任何人如果要瞧得起自己，就非得秉持这种精神去做事不可。

毫无疑问，事无大小，每做一事，总要竭尽全力，全力以赴，这是成功者的一种结论。因为在日常工作中，不管多么细微的小事也要全力以赴地做好，才有可能使自己渐渐地走上重要的岗位并创造出更大的财富。只有竭尽所能，做得比一般人更好、更敏捷、更精确、更可靠、更稳妥、更优秀，你自然能引起上司的重视，而使你不断发展和进步。

所以，你应该早些打定主意，非把任何事处理得尽善尽美不可。对于任何事，你都要倾注全副精力去做。快下决心吧，不要管别人做得怎么样，事情一到了你的手里，你就一定要全力以赴地做好。你一生的希望都在这个上面，千万不要再让偷闲、取巧、拖拉、找借口或是怕吃亏的坏习惯来阻碍你了！

7　不找任何借口，提升自己的执行能力

几乎所有的失败者都会为自己找一个理由，也许是为了面子，也许是为了开脱，但是，这样的理由却永远是那么苍白无力，没有说服力的。正像马克·吐温所说的，失败的理由有1000个，但没有一个令人信服。

是的，这些都只不过是失败者为自己找的借口而已。

借口是什么？借口不过是敷衍别人、原谅自己的“挡箭牌”，是掩饰弱点、推卸责任的“万能器”，是失败者为自己的失败而拉扯着的一块“遮羞布”！

找借口只会让你失败，只有不找借口的人才能永立不败。

“没有任何借口”是美国西点军校200年来奉行的最重要的行为准则。在军队，服从是无条件的，绝对，没有任何不服从的理由，也不能找任何借口的。所以才说“军人以服从命令为天职”。如果军队没有绝对的、不讲任何条件的服从，那么命令就会成为空文，任务的完成就没有半分的保障，这样的局势，谈何胜利？只有失败才是唯一的结局。

其实对于企业、对于组织或任何的团队或单位，都是如此。如果没有

绝对的、不讲条件的服从和执行，也就注定会失败，不会有任何的成功可言。所以，对于每一个员工而言，不找任何借口也应当是最基本的行为准则，因为只有没有任何借口，才能赢得任务的完美完成。

绿湾橄榄球队教练锋士·隆巴第告诉他的队员："我只要求一件事，就是胜利。如果不把目标定在非胜不可，那比赛就没有意义了。不管是打球、工作、思想，一切的一切，都应该'非胜不可'。"

"你要跟我工作，就不能有任何借口"，他坚定地说，"你只可以想三件事：你自己、你的家庭和球队，按照这个先后次序。"

"比赛就是不顾一切。你要不顾一切拼命地向前冲。你不必理会任何事、任何人，接近得分线的时候，你更要不顾一切。没有东西可以阻挡你，就是战车或一堵墙，或者是对方有11个人，都不能阻挡你，你要冲过得分线！"

正是有了这种坚强的意志和顽强的信心，绿湾橄榄球队的队员们才有了完美的表现。在比赛中，他们的脑海里除了胜利还是胜利。对他们而言，胜利就是目标，为了目标，他们奋勇向前，锲而不舍，没有抱怨，没有畏惧，没有退缩，不找任何借口，一个劲地向着胜利奋进，所以胜利终于属于他们。

没有任何借口，给人似乎有一种冷冰冰的感觉，从语气上看不仅非常强硬，其意思似乎也是告诉我们对上级要求要无条件服从，但其核心思想应当是敬业、责任、服从、诚实。它要求我们要想尽办法去完成任务，而不是为没有完成任务而去推卸责任，去寻找借口，哪怕看似合理的借口。人们都知道每个人或多或少总是有点惰性，不能按时保质完成各类任务后，寻找借口是最自然、也是最常见不过的一类事，但是我们应当知道，寻找借口是一种缺乏创新精神和自主工作能力的具体表现，这样的员工，是很难受到青睐的。

只有那些认真服从、不找借口的员工才能完美胜出。

他出生在四川，是穷孩子出身，初中毕业就外出打工。

1997年7月，他应聘一家房地产代理公司的发单员，底薪300元，不包吃住，发出的单做成生意，才有一点提成。

上班第一天，老板讲了很多鼓励大家的话，其中一句“不找借口找方法，胜任才是硬道理”让他印象深刻。

上班后，他劲头十足，每天早晨6时就出门，晚上12时还在路边发宣传单. 他连续拼命干了3个月，发出去的单子最多，反馈的信息也最多，却没做成一单生意. 为了给自己打气，他把老板告诉他的那句“不找借口找方法，胜任才是硬道理”写在卡片上，随时提醒自己。

他的业务渐渐多起来，公司把他从发单员提拔为业务员。当时，公司销售的楼盘是位于北京市西三环的高档写字楼，每平方米价值2000美元，这种高档房，每卖出一套，提成丰厚，他暗自高兴，以为马上就能做出成绩。然而，两个月过去，他一套房都没卖出去。

终于有一天，有一名客户来找他。他喜忧参半，喜的是终于有客户，忧的是不知该如何跟客户谈，他脸憋得通红，手心直冒汗。但是，除了简单地介绍楼盘的情况外，他不知道再讲些什么，只能傻傻地看着对方，结果，客户失望地走了。

“不找借口找方法，胜任才是硬道理。”他不断地给自己鼓劲，开始苦练沟通技巧，主动跟街上的行人说话，介绍楼盘，两个月后，说话能力提高许多。

有一天，一个抱着箱子的人向他打听三里屯的一家酒吧在哪里。他热情地告诉对方，但对方还是没有听明白，他干脆领对方去，还帮对方抱箱子，告别时，他顺手发一张宣传单给对方，那个人很感兴趣，第二天就找到他购买两套房，并说：“我平时很烦别人向我推销东西，但你不同，值得信赖。”这一单让他赚到一万元，更让他激动的是，他相信自己能胜任这份工作。

但他的成绩并不好，每个月只能卖出一两套房，在业务员里属于比较差的。

1998年8月，公司组建成5个销售组，采取末位淘汰制，他处在被淘汰的边缘。这时他对“胜任才是硬道理”有了深刻认识，要胜任就必须找到好方法。因此，当经验丰富的业务员跟客户交流时，他就坐在旁边认真地听，看他们如何介绍楼盘，如何拉近与客户的距离，他还买了很多关于营销技巧的书来学习，他学会把握客户的心理，判断客户的需求，实力，每次与客户交谈时都有针对性.他的业绩开始稳步上升。

1999 年 8 月，北京另一家公司到他所在公司挖人，许诺给两倍于现在的待遇，请他过去。他仔细分析形势，发现那家公司精英众多，自己难以出人头地，谢绝了对方的邀请。

“挖人事件”给公司造成很大影响，留下来的人马上都成了公司顶梁柱，已有两年经验的他很快脱颖而出，他的一个客户想买写字楼台，拿不定主意，他知道后，给这个客户做了一个报告，详细分析各楼盘的特点，同时告诉客户，他的楼盘的性价比优势在哪里。客户最终决定在他的楼盘里买下一个大面积的写字楼，这一单，卖出了 2000 万元。

后来，他一个赛季的销售额达到 6000 万元，在公司排名第一，按照公司规定，销售业绩进入前五名者可以竞选销售副总监，他决定试试。结果，他成功了。没想到，第一个赛季结束时，他带领的销售组排在最后一名，他在副总监“宝座”上还没坐热，就被撤了。以往被撤销副总监职位的人，大多选择离开，因为他们觉得再也没有颜面当一名普通销售员，他却想，自己被淘汰，完全是因为自己还不胜任，从哪里跌倒，我偏要从哪里爬起来。

重做业务员后，他调整心态，和从前一样拼命工作。2003 年最后一个赛季，他又拿到全公司第一，再次竞选当上销售副总监，这一次，他一上任就开始精心培训手下的员工，将自己的经验毫无保留地传授给他们。他说：“只有大家都好了，我的境遇才会更好。”结果，这个赛季结束，他的组取得很好的成绩，销售额达到 8000 多万元，租赁也达 5000 多万元。

此后，他所带团队的业绩一直名列前茅，他的收入自然提高，每年的收入都在 100 万元以上。

他叫胡闻俊，那个告诉他“胜任才是硬道理”的老板就是潘石屹。

不用找借口,做不好先从自己身上找起。为什么没有做好呢？是什么原因呢？找到了原因,从哪里跌倒,再从哪里爬起来,这样的员工,才有资格谈成功。这样的员工,才是真正优秀的员工,才是企业需要的员工。

一家针织刺绣厂的效益相当好,想要进这家工厂的人很多,厂方给前来应聘者设置了不低的“门槛”,特别是招聘时,经常出一些怪题“难为”大家。即使这样,人们还是想来这里碰碰运气。

有一年,厂方给应聘者出的题目是:“36 小时内折叠 1800 只爱心千纸鹤”。大部分应聘者都知道和见过千纸鹤,有的还亲自动手折过。她们想,这是细活,厂方可能在考验应聘者的耐心和动手能力,因为纺织行业需要这种精神和能力。回去后,女孩子们发现这几乎是不可能完成的任务。因为,即使不吃饭不睡觉,也很难在如此短的时间内折出 1800 只千纸鹤。或许,厂方是在比较谁的手更灵巧麻利、谁折叠的多、谁的质量更好。这样一想,很多应聘者的心态就放松下来。

36 小时后,应聘者带着各自的作品接受检验。结果是:少部分人放弃了,极少部分人完成了任务,绝大多数人只完成了 500 到 1000 只。厂方对应聘者进行了面试和询问。有人说:“家里出了意外,很难在短时间内安心完成任务。”也有人说:“这是根本无法完成的工作,任何人都无法做到,除非她又长出第三只手,我已经尽力了。”还有人说:“我认认真真地叠好每一只纸鹤,做到精益求精就够了,别的也没有多想。”而完成任务的应聘者做法竟然惊人的相似:她们都找了家人或朋友帮忙。

结果按时完成任务的人顺利被录用了,其余的应聘者全部被淘汰。厂方的解释是:首先考察的是应聘者是不是有一个好的态度。不能按时完成任务的绝不是合格的员工;其次考察的是应聘者的执行能力,之所以不在现场动手干活,就是想让她们回去动脑子想办法;最后更为重要的是:绝对不会招收爱找借口的员工。在有限的执行时间内,执行者没有多余的时间为做不好的事情找借口,没有时间文过饰非,任何执行者都应该抓紧时间去完成任务,“不可能”或“没有办法”常常是庸人和懒人的托词。

成功的执行者爱想办法，他们总是告诫自己：

失败没有理由……
这是我的责任……
我抱怨什么呢……
总会有办法……

而失败的执行者则爱找借口，他们总是安慰自己：

失败是因为……
这不是我的责任……
我有一肚子的怨言……
那不可能……

想想看，有这么多的理由供他们去利用，他们怎么会去好好努力地工作呢？相反，他们会认为，自己努力和不努力没有多大的区别，因为不努力只要找个借口一样可以蒙混过关，那我那样努力地去工作不是太亏了吗？

这样的员工注定不可能有大的作为的，因为他们的热情、他们的潜能都被他们的借口阻拦住了，他们注定没有前途和未来。

只有那些不找任何借口、绝对服从、认真执行的员工，才会主动积极地去想尽一切办法把自己的工作做到尽善尽美，因而他们也注定会比其他的员工有更多的机会，取得更大的成功。

执行最怕的是拖拖拉拉，在各级组织中，总有一些成员才工作拖拖拉拉，习惯了马马虎，习惯了得过且过，不能将好的思想落实到具体的时间表上，导致好的思路和策略形成空谈。这是绝对不利于执行的。要有效执行，一定要拒绝拖延，拖延是执行最大的敌人。

李践在《做自己想做的人》一书中讲了这样一个故事：

在一个成功学讲座上，主持讲座的教授对学员说："想要赚钱的人请举手"

学员们都举起了手。

教授又说："想让自己成为顶尖级人物的请举手！"

学员们也都举起了手。

教授接着又问："目前已做到的请举手！"

这回大部分人不再举手了。

教授笑了笑，问大家说："你们想成功想了多久？"

学员们齐声说："想了一辈子！"

"为什么还没有达到呢？"

有人回答说："我们只是想想而已。"

"这就是你们没有成功的原因。"教授说，"你们都有成功的想法，但你们不去行动，不去做，那怎么有可能成功呢？"

再好的创意，再好的想法，若没有付诸行动，就看不到成果，便毫无价值可言。纸上谈兵是没有用的，有了好的想法后，去立即行动才是最重要的。所以，决不拖延，立刻去做！任何问题和困难一旦发生，立刻解决！任何想法和点子一旦成熟，就迅速去做，绝不拖延一与其在思想中等待，不如在行动中成功！

工作中，有很多稍纵即逝的机会摆在我们面前，能否抓住这些机会，不仅取决于是否有敏锐的洞察力，是否善于吸纳别人的建议，而且还取决于是否能立刻去做、决不拖延地去付诸行动。只要做到这些，我们就可以用我们的努力去赢取成功。

所以，不要拖延，立刻去做，不要想着去找借口，把找借口的时间用来想办法，一切的难题都会解决，一切的艰难都不再是障碍，一切的努力便都会有回报。我们的工作就更容易取得成绩，我们的事业也更容易成功。

第六章

努力工作实现人生价值，不吃亏

努力工作不仅能享受到工作的回报，感受到工作的乐趣，更主要的是，可以让我们实现自我的价值，找到生命的意义。

1 努力工作才能体现生命的价值

生命的价值在哪里？相信没有人会认为就在我们每天的吃和睡里。一天只有 24 小时，八小时上班、八小时睡觉、还有八小时做着各种各样的杂事。真正具有创造性的价值只不过在人生三分之一的工作时间里。如果这八小时我们也不愿努力，那么，人生也就没有什么意义了。

所以，努力工作，让工作来体现生命的意义，实现自我的价值，不吃亏。

每一份工作都是有意义的，都是能为人类、为社会作出贡献的。只有在坚持不懈的努力工作的过程中，我们才能找到生命的意义，而且越是努力，越是有成绩，工作的成就越大，你所感受到的生命的意义和自我的价值也就越大，人生就会越快乐。而且也只有在努力工作的过程中，我们才能感受到自己的伟大，自己的能干和自己也能成为一个卓越的人的那份激动和惊喜。

我们经常在一些成功人士的报告会上或是演讲会上听到这样一句话："最开始我真的不知道自己行不行。"之所以有这样的感慨，是因为如果他们不勇敢地迈出步伐，不努力去为自己的工和努力，他们会永远也不知道自己有多棒、多优秀、多了不起！

一个心理学教授到疯人院参观，了解疯子的生活状态。一天下来，觉得这些人疯疯癫癫，行事出人意料，可算大开眼界。

想不到准备返回时，发现自己的车胎被人下掉了。"一定是哪个疯子干的！"教授这样愤愤地想道，动手拿备胎准备装上。事情严重了。下车胎的人居然将螺丝也都下掉。没有螺丝有备胎也上不去啊！教授一筹莫展。在他着急万分的时候，一个疯子蹦蹦跳跳地过来了，嘴里唱着不知名的欢乐歌曲。他发现了困境中的教授，停下来问发生了什么事。教授懒得理他，但出于礼貌还是告诉了他。

疯子哈哈大笑说："我有办法！"他从每个轮胎上面下了一个螺丝，这样就拿到三个螺丝将备胎装了上去。教授惊奇感激之余，大为好奇："请问你是怎么想到这个办法的？"

疯子嘻嘻哈哈地笑道："我只要一想到解决问题的方法，我就高兴，所以一看到问题，我就拼命想，就想出来了。"

每个人的生命都是一段精彩的旅程，只是有太多的人没有发现自己而已。而工作正是我们开发我们的潜能、展示我们的能力的地方，在努力工作中我们才会发现生命的价值，最大限度地开发自己的潜能，让自己做到最好，好得自己都不敢相信。

44 岁那年，她下岗了，丈夫一年前也下了岗，儿子正在大学念书，她是家里的顶梁柱，而下岗使她这个家里的顶梁柱遭到了沉重一击。但是她不能倒下，所有的眼泪和痛苦都必须咽下，她还要继续支撑这个家。

她在街上摆了个摊，卖早餐。没下岗的时候，她每天都是 7 点半起床，不慌不忙的。现在，她必须每天 5 点前起床，收拾收拾就去摆摊。她的胆子仿佛一下子变大了，以前在单位，大会上领导点她发言，她面红耳赤，心跳加速，说话结结巴巴，惹得哄堂大笑，而摆摊以后，她的嗓门一下子亮起来，对着街上来来往往的人高喊："油条，新出锅的油条啦！""八宝粥，又卫生又营养的八宝粥啦！"有些时候，她还会编出些新词，引得来往的行人不时地将目光投向她，生意自然也不错。邻近摊位的摊主都说她是做生意的料，根本不像个新手。第一个月，她粗粗结算了一下，赚了 2300 多元钱，整整比下岗前的工资多 1000 多元钱，她显得兴奋异常。虽然比以前累了些，但她却很高兴，心里豁亮了起来。

由于生意很好，她一个人确实忙不过来，就说服骑三轮拉客的丈夫跟她一块儿出摊卖饭。丈夫爽快地答应了。夫妻俩同心协力，开始了新的人生旅程。他们从卖油条和粥开始，到租个门面房卖饺子卖小吃，再到开面食加工厂，8年时间，她从一位下岗女工成为有着800多万资产的民营企业的厂长。这期间，她遭遇了不少困难，吃了不少苦，但是最终她成功了，被当地政府评为“再就业明星”、“市三八红旗手”。

在河北省廊坊市，说起她——姜桂芝，人人都竖起大拇指。在接受记者采访、谈到自己的经历时，姜桂芝这位很朴素的女强人说了这样一段话：“我实在想不到我的今天会是这么好，以前总觉得自己很平庸，做什么都不成，在单位混口饭吃就满足了。可一下岗，我整个人都变精神了，才觉得自己可以做的事情很多，自己也可以做一番事业。如果不是下岗，不自己创业，恐怕我就浑浑噩噩过一辈子了。”

生命的价值只有在工作中才能体现。但是还是有很多的人没有意识到这一点，还在浑浑噩噩地过日子，生怕自己努力工作会吃亏地闲散、躲懒，在安逸的生活中懈怠，在自卑和灰心中安于现状、不思进取。

很多人的平庸，并非是因为自身能力不够，而是因为安于现状、不思进取，没有激发自己的潜能，在平淡机械的生活中埋没了自己。所以有些时候，危机或困境并非坏事，这样反倒会激发出我们自身的潜能，唤醒我们内心深处被掩藏已久的人生激情，来实现人生的最大价值。

陈安之——陈安之成功学创始人。是当今华人中最顶尖的成功学专家，著名的潜能开发专家及NAC心理学家。1967年12月28日生于中国福建省长乐市。12岁随亲戚到美国读书，开始边工作边读书。他曾经做过十八份工作，卖过菜刀，卖过汽车，卖过巧克力，当过餐厅服务员……可是他的存款还是为零。直到21岁，陈安之遇到了人生中的第一位恩师——世界潜能激励大师安东尼·罗宾。此后，他个人的特长、天分和强烈的爱心获得了真正的释放。

陈安之老师自我介绍：“我的目标就是帮助你更成功，更快速的实现你的梦想。”

“我以前非常渴望成功，也不断地寻找成功的方法，研究为什么有些人会成功？我阅读各式各样可以帮助别人成功的书籍，上过许多帮助别人成功的课程，从17岁到21岁之间，我做过餐厅服务生、卖过净水器、汽车、皮肤保养品、电话卡、超级市场折价券、巧克力批发、邮购等18项工作，到21岁时，银行存款簿的金额是＄000.00，丝毫没有一点点进展，直到我遇到我的启蒙老师安东尼罗宾，并借由不断的学习成长，今天才有机会分享这些成功的讯息。”

2001年陈安之首次接受中国各大企业和社团的盛情邀请，进行了十多场关于成功学的演讲报告，陈安之魅力四射的演讲才华和令人幡然醒悟的精辟论述以及别具一格的华语亲和力，令场场笑声不断、掌声不绝，场场引起强烈震撼。凡听过陈安之现场演讲的人，不论在工作中，还是在生活中都仿佛变了一个人，待人处事的精神面貌焕然一新，浑身充满了积极、健康、向上的价值观和人生使命。很多人受陈安之的影响，重新站了起来；很多人重新分析解剖自我，真正激发出自己的潜能。

不要总羡慕别人头上的光环，只要你努力，其实你也一样可以给自己戴上美丽的花冠，实现自我的价值，找到生命的意义。

人的一生，只有短短的几十年。生理意义上的生命，不可能永存，但精神意义上的生命，却是可以永存的，那就是生命的价值。当我们回顾历史的时候，我们看到两类人：一类人因为成就卓越而流芳百世，另一类人因为坏事做绝而遗臭万年。以第二种方式进入历史的书页，恐怕是没有谁愿意的。要让历史记住，就只有第一条路可选择了，从来不会有平庸的人能够被历史记住。

几个刚刚参加工作的年轻人成天想着成功成名，可他们找不到方法。

有一天，他们找到一位老人，这位老人事业很成功，是很多年轻人的偶像。他们问老人有什么诀窍可以让自己成功，老人的回答让他们非常失望："如果你们是学生，就努力学习；如果已经从学校出来，就努力工作。"

努力工作？天下那么多努力工作的人，要成功成名谈何容易啊？年轻人中间，除了一个人外，其余人都认为老人在忽悠他们，根本没有把老人的话放在心上。那除外的一个人是怎么想的呢？他认为既然老人成功了，那么，老人的话一定是对的。

于是，从第二天起，他开始努力工作。当他努力工作之后，他觉得生活一下子变得充实起来，并且更加有激情，同事、老板都对他另眼相看。不久，他得到了晋升，并且，节节高升。当他成为一家型企业的董事长之后，他成功了，也成为知名的人。

而当年和他一起去请教老人的另外几个人呢？他们一直在寻找成功和成名的"捷径"，从来不肯安下心来好好工作，20多年过去了，他们仍然一事无成，更丝毫谈不上知名度。他们和我们大多数不曾觉悟的人一样，到了退休年龄，甚至已经过了退年龄，却依然在为微不足道的生活费四处奔走，他们总是说着差不多悔恨的话："后悔当年没有努力学习"、"后悔当年没有好好工作"、"后悔当年没有把握好机会"……

可人生的残酷恰恰就在于，当我们懂得后悔时，一切都已经无法挽回。所以，如果不想拥有一个后悔的人生，就趁着还没有后悔的时候，赶快努力吧。只有生命卓有成就，人生才能没有后悔。我们对待工作越努力，后悔就越少。

工作是生命价值的载体，谁能够在有限的生命旅程中，创造尽可能多的价值，谁的生命就更加丰富多彩。生命的潜能是无限的，只要你愿意去发挥，就可以获取巨大的人生成就。

让有限的生命，实现尽可能多的价值，无论什么时候都不算晚。

2 努力工作是实现自我最好的方式

人生需要一个展示自我、实现自我的方式，工作就是这个最好的方式。因为工作可以最大程度地展示我们的能力、勇气、自信和努力，最大限度地让我们品味到工作带来的乐趣，最大限度地享受工作带来的荣誉。

柳培毅是一所法律学院的大学生，但是毕业后，因为各种原因，他却一直不能进入公检法等专业对口的单位。经过多方努力，他被分配到一所中学做政治老师。

开始时，他一直很苦恼，觉得自己的工作和专业不对口，自己的专业知识以后一定会生疏最终荒废。于是，他仍然拜托很多人帮助他寻找机会进入专业对口的单位。但是最终他还是没能如愿。

最后，他不再动心思换工作了，决定踏踏实实、认真努力地把老师的工作做好，并决心一定要找到工作和专业相结合的地方。后来，他向学校申请课余时间给学生开展法律常识普及活动。学校同意了。他很高兴地开始准备起来。

先是在校园中为各个班级的学生上一些生动有趣的法律常识课，然后组织学生一起办普法刊物，并结合社会热点法制事件及时给学生灌输正确的法律观念和知识。

在他的努力下，这所学校的很多学生都对法律开始产生兴趣，而且学生在外打架斗殴事件也明显减少。学校很多领导、老师和学生家长都对他的法律普及课表示十分赞赏。

后来，教育局得知后，将他的经验在全市中学推广。他不再是个普通的政治老师，而是全市有名的普法教育先锋。

工作就是我们实现自我的最好的方式,工作不仅能赚到养家糊口的薪水,还能磨炼我们的意志,展示我们的才能,培养我们的人格,提升我们的品性,更重要的是帮助我们成长,展现我们的人生价值。当我们努力工作,我们就会随时进步,也许你平时没有发现,但每天一点点的进步就会改变你的人生,就会为你赢得更多的机会,得到成功。

我们工作的目的,不仅是为了满足生存的需要,还有更高层次的追求,那就是自我价值的实现。可以说,工作的最高境界,其实就是为了实现自我价值,而绝不是为了名与利。

任何一个人,只有在追求"自我价值实现"的时候,才能在工作中激发出持久强大的热情,才能最大限度地发挥自己的潜能,最大限度地为社会、为公司创造价值。

2006 年 4 月,高彦峰,这位吉林石化的普通职工夺得了全国技能大赛超级钳工冠军。这是他十几年辛苦付出的最佳回报,也是人生价值的完美展现。

高彦峰技校毕业分配到工厂以后,就非常积极地苦学检修技术,仅仅两年时间,他就能凭所学独立完成机组检修等技术要求比较高的任务。公司的设备和技术顺应市场需求在不断更新,高彦峰的头脑也在不断充电,他购买了《石油机械》、《化工机械安装与修理》、《钳工技术大全》、《化工密封技术》等专业书,充分珍惜分分秒秒的时间,努力自学理论知识。如此日积月累,高彦峰对自己所维护的 15 项炼化装置的 20 套大型机组设备十分熟稔、了如指掌。

学习带来的收获运用到工作中去,使他成为了"修泵能手"、"小诸葛"。

工作在进行,学习就在进行,进步也在其中体现。

高彦峰成功研发了石化公司炼油厂的芳烃装置运转进口机泵机械密封备件,实现了 95%的国产化,节约备件费用 50 余万元;他采用催化裂化装置的三机组壳体内注入冷却水降温技术,通过将壳体与轴径气封的间隙增加到3毫米的改造，避免磨损，延长烟机寿命为生产厂节约维修资金上百万元；他主持及参与技术革新和攻关已有20多项，这些革新和技术攻关，有效保障了生产装置安全运行，也为公司节约了成本创造了经济效益。他被工友亲切地称为生产装置的安全“守护神”……

知识改变命运，技能丰富人生。这是高彦峰的信条和写照。正是他的这种信念，使他成为“吉林省十大杰出能工巧匠”和“吉林省五一劳动奖章”获得者。

工作其实就是人生的舞台，工作就是我们实现人生价值的途径。好好工作就是好好度过我们的人生。高彦峰用自己的努力和辉煌对这句话作了最好的阐释。

我们每个人都应该在发展中追求更好的生活，而不能稍有成绩，就开始满足现状、不思进取。这种发展依托于你在工作中放弃一些眼前的小利益，更多地去接受新知识、新锻炼，去迎接更多的挑战，去解决更多的问题，来提升自己的能力、展现自己的才华。

一样是做牙医，有人把牙医的服务做到五星级。位于台中的永丰栈牙医诊所，是一家标榜“看牙可以很快乐”的诊所，院长吕晓鸣医师感性地说：“看牙医一定是痛苦的吗？我与我的创业伙伴想开一个让每一个人快乐、满足的牙医诊所。”这样的态度加上细心地考虑患者真正需求，让永丰栈和一般牙医诊所很不一样。

一进门迎面而来的是30坪左右的宽敞舒适的等待区，看牙前，可以在轻柔的音乐声中，坐在沙发上，先啜饮一杯香浓的咖啡。真正进入看牙过程，还可以感受到硬件设计的贴心：每个会诊间宽畅明亮，一律设有空气清净机。漱口水是经过逆渗透处理的纯水，只要是第一次挂号看牙，一定会替病患者拍下口腔牙齿的全景X光片，最后还免费洗牙加上氟，一家人来的时候，甚至有一间供全家一起看牙的特别室。软件方面，患者一漱口，女助理立即体贴地主动为患者拭干嘴角。拔牙或开刀后，当天晚上，医生或女助理一定会打电话到病患者家里关心病人的状况。

一位残障人士陈国仓到永丰栈拔牙，晚上回家正在洗澡，听到电话铃响，艰难地爬到客厅接电话，听到是永丰栈关心的电话他感动得热泪盈眶："这辈子我都被人忽视，从来没有人这样关心过我。"从一开始就想提供令就诊者感动的服务，吕晓鸣的态度赢得了市场，也增强了竞争力。虽然诊所位于商业大楼的6楼，一开业就吸引台湾中部媒体竞相报导。还有客人老远从台北南下看诊。吕晓鸣在竞争激烈的市场中，创造出了牙医师的附加价值。

努力工作就能把工作做到完美。有这样的态度，不论你做什么样的工作，也都是可以做到最好，也是完美的工作中收获自己的成功。

工作不仅仅是谋生的手段，更是体现生命价值的手段，是实现自我最好的方式。因为工作就是改造自然、改造社会，在为社会作贡献的过程中获取基本的生存资本，同时体现出自己的人生价值。任何一个人，如果停止工作，都会面临生存威胁，即使那些继承了巨额财产的人，也得为财产的保全、保值和增值而工作，否则财产就会流失，直到一无所有。

工作是谋生的手段，但谋生并不是人生的全部内容。正如英国哲学家罗素说的那样，"贫困固然是一种极大的恶，但也不能说物质上的繁荣和富足本身就是一种最大的善。只有当物质上的繁荣和富足成为推进其他属于精神生活的更高的善的时候，对社会才有真正的价值"。动物可能只求温饱，人却不一样，温饱解决后，精神需求就会提上日程。很多在物质上还处于贫困线之下的人，怎么也无法理解那些腰缠万贯却遁入空门或悬梁自尽的富翁的人生选择。事实上，贫困线之下的人是在为物质上的贫穷发愁，这些富翁则是在为精神上的贫穷发愁。工作除了给我们带来物质外，它还是我们与社会各界打交道的通道，只有工作的人，才能够感觉到自己还是社会的一分子，而那些终日躺在床上睡大觉的人，则会感觉自己被社会抛弃了。

同时，工作也是人生全面发展的最重要的条件。人生是一个时间过程，从生到死，要经历几个不同的阶段。成年人在不同阶段都需要从事社会工作，工作将个体的人与社会紧密联系在一起，人们在工作中接收社会信息，使自己的综合素质不断得到提高，也使自己的价值得以体现。

既然工作体现生命的价值，工作就值得用生命去完成。我们应该视工作为神圣的使命，把一生的心血都交付给工作，把全部的理想都寄托在工作上，认真负责，踏实努力！

3　努力工作是通向梦想的唯一通道

人都有梦想，尤其是年轻人都会有一个美丽的梦想。没有梦想就好比火车没有终点站，飞机没有目的地，活着也缺少滋味。

但是梦想只上虚幻的，要将梦想变成现实，需要的，是付出扎扎实实的努力。梦想与现实之间，隔着的，是千山万水的距离。要将梦想和现实连接在一起，唯一的方法就是努力！

一个人从小就梦想当一名科学家。但是这个梦想到他死的时候还是没有实现。原因是他只有梦想，却从来没有因为这个梦想去努力。

光有梦想，不付诸行动，是可笑的。而付诸行动的唯一途径就是工作。在工作中朝着你梦想的方向前进。

小明在一家合资企业从事邮寄资料和样品的工作。他认为这个工作即繁琐又没有价值。有一天，他在办公室里对着窗外发呆想心事，突然总经理走进来，他吓了一跳。

总经理并没有批评他，而是问："看那些大楼干什么？这是不是跟你对今后工作的向往有关系？"

他跟总经理说出了心里话："我真正的理想是要做一个像贝聿铭那样

的世界级建筑大师，设计出世界闻名的高楼大厦。”

总经理鼓励他说：“你那个大厦都有什么功能？”他来了劲头，眉飞色舞地说：“我的设计是在大楼里安装最全的现代生活工作设施：第一层是有落地大窗的幼儿园，来大楼上班的人可以先把孩子送到幼儿园；二楼是银行、邮局和小超市；顶层是一个多功能大厅，可以当餐厅、舞厅和健身房。”“你的设想不错，不过，还少了一样重要的东西你没有设计。电梯和楼梯你想过没有？”

总经理开导他：“你现在做的工作确实和设计大楼没有直接关系，因此，在这里并不能实现你当建筑大师的梦想，但是工作中的敬业精神、考虑周全的工作风格，却可以通过你现在的工作培养锻炼。我支持你实现你的梦想，但要从现在的本职工作中培养实现梦想的职业化素质。请你认真写一份邮寄样品和资料的工作流程，再把你以前所有的失误变成培训案例。这些写好后，公司招聘一个做这项工作的新同事，你来培训他，等到新同事能够胜任工作了，你就去进修建筑设计，实现你的梦想。”

没可能实现的不是真正有价值梦想，通过倾注具体的努力能得以实现的，才是真正有价值的梦想。为了实现梦想，自我价值评估是至关重要的环节。自我定位可以确定自己的价值、决定梦想的界限。如果梦想过大，自己不具备实现的能力，总是看不到光明，就会对精神造成打击；如果梦想过小，很快就实现了，就没有了发奋努力的动力。自我价值评估和实现梦想关系很大。有人很看重靠山，以为有了靠山就可以实现梦想。有靠山固然重要，但比靠山还可靠的，是让自己有价值。你有了足够的价值，机遇便会主动亲近你。个人价值同样是在完成工作中实现的。

为了实现自己的梦想，改变现状，我们唯有努力工作。因为梦想和现实之间，只有努力是唯一的通道。所有让梦想成为现实的成功人士，没有一个不是经过了艰辛的努力和奋斗之后才享受到人生的丰硕果实的。

他出生于韩国一个不知名的小镇，母亲是邮政局的一位普通职工，他还有一个妹妹。由于家庭贫穷，母亲从小就对他寄予了很大的期望。

但他是个很不自信的人。上小学的时候，他从没在上课时回答过问题。有一次，学校组织学生进行游泳比赛，他就站在河床边，战栗着不敢向前一步。

母亲知道这个消息后，非常生气。尽管她刚做了一次手术.身体孱弱，她还是把孩子带到河边，指着滔滔河水说："跳下去。"他吓得赶紧往后退："我没练过游泳，我怕。"母亲着他的肩膀，耐心地说："孩子，你要明白，很多时候我们之所以不能成功，就是因为被经验束缚了手脚。我也不会游泳，但凭着自己的勇气和恒心，我一定会成功。"说着，母亲脱下了鞋子，跳进了水中，他的心立刻像弦一样绷得紧紧的，一秒钟、两秒钟……五秒钟，勇敢的母亲在被水连呛了几次后，竟然奇迹般地浮了起来。

"那么孩子，你现在的梦想是什么?"母亲湿淋淋地走上来说.

他毫不犹豫地说："我要考大学，找个好工作。"母亲欣慰地点点头。接着语重心长地说："那么孩子，你要为之努力了，让你的梦想和勇气每天壮大一点点。"他含泪点了点头。

17岁那年，他和三个同学去漂流。不料，途中遭遇了一场暴风雨，湍急的河水很快使他们的橡皮艇偏离了原来的航线，向左边的一条支流奔去。几个同学都吓哭了，有一个同学熟悉地形，更是大声尖叫起来："前面是乱石岗，怎么办?"

他却沉着冷静地指挥另一个同学操纵着船桨使劲儿往岸边划，费了几牛二虎之力终于脱离了危险。后来有同学问他："面对生死，你不害怕吗?"他无畏地说："我不怕，因为我有梦想和勇气。"

18岁，他认识了既是韩国"JYP经纪公司"领导者，同时也是音乐资深制作人的朴轸永，当他把这一消息告诉母亲时，母亲问："孩子，那么你现在的梦想是什么?"他毫不犹豫地回答："做亚洲顶级的艺人。"但是母亲却没法看到他实现愿望，不久后就在医院去世了，而她留给孩子的最后一句话就是："照顾妹妹，好好实现你的梦想。"

母亲的去世对他打击很大，他不止一次跪在母亲的遗像前发誓："要拼命练习,成为一流歌手。”

2002年,他的第一张专辑就囊括了全韩国媒体的新人奖项,之后他的事业更是一发不可收拾,他多次参加亚洲巡回演出,广受人们的喜爱。

他就是韩国人气天王、著名歌手、曾荣获总统勋章的Rain。如今,他更是以精湛的舞蹈和清新的音乐风格成为年轻人心中的“天王。”

在回顾成长之路时,他百感交集地说:“母亲从小就教导我,要成功,靠的不是经验。我一直都牢牢记住,并在为之努力。不为别的,只为让梦想每天可以壮大一点点。”

每天让梦想壮大一点点,一天,两天,一年,两年。在许多年后,再回过头来看自己走过的路,那上面的足迹是紧凑的,是坚实的。就算看上去并不那么平,甚至有低洼的地方,但是没有空隙。

有一些人认为自己的梦想没有实现,自己一无所成,只是因为自己命不好。其实命运是可以改变的,关健在于你在通往成功的路上有没有努力,有没有与命运挑战。

十多年前,一个美丽的女孩,拥有自己的服装店铺,和不错的生意收入,是父母的掌上明珠,身前身后,跟着一群明里暗里的追求者,过着公主般的生活。

有天晚上,她摔了一跤。每个人都会摔跤的,很平常的事情,她也以为没有什么,然而,这一夜过去,身体日渐疼痛,去医院检查的结果,如同天空换了世界:报告说,她严重摔伤,造成高位截瘫,从此她将只能坐在轮椅上。

这个叫做藏琦的女孩子,开始了无声无息的寂寞、孤独的岁月。

13年前,有人居然推荐她的父亲去做安利这个生意。也许是为了摆脱无聊的日子,她的父亲居然推荐这个已经坐在轮椅上度日的女儿去做这个生意。这成了这个女孩心中升起的一个梦——就业梦。

藏琦真的去做安利了。这个故事至今都像一个不可能的神话。她用可怜的一点剩余的钱，买了点产品，开始让妈妈推着轮椅带着她拜访潜在的客户。妈妈的肩膀，背着她的身躯，背上轮椅，推上的士，到达地点，再背下车，放在轮椅上，再背上楼，推到客户家里，去展示那一只牙膏！

为了卖一只几十元的牙膏，却花费了远超过这只牙膏的代价。更要命的是，居然有那么多人，看了她的展示，并不购买。

下雨天，母亲推着藏琦的轮椅，站着风中等待一辆肯载她们的车子。这很难，因为出租车司机怕椅子带来的泥土弄脏了车子。于是，风大雨大，藏琦那一点可怜的人生追求，经历着人情与风雨的残酷。无论是夜晚去听课学习，还是白天去寻访客户，对于这个孤独的身影而言，都是一个异乎寻常的考验。

但是，在她一次又一次失败又站起的行动中，在她永不放弃的努力中，梦想与现实慢慢地靠近，慢慢地靠近，2001 年，她的销售收入已经很可观了，得到了公司到马来西亚旅游的奖励。

2004 年，她成为安利中国高级营销经理(钻石)级，买下了自己的房子和车子，带领着一群手脚健全的人们，学习如何运用命运的翅膀，创造奇迹。

梦想和实现之间，说近真不近，中间隔着千山万水的艰难险阻；但说远也不远，其实也不过就是两个字：努力。只要努力，梦想终有一天会变成现实。

但是，梦想很丰满，现实却总是那么骨感。要把梦想变成现实，必须要踏过千山，闯过千关，付出数不清的努力，洒下数不清的汗水，甚至流血流泪。好在命运总会在黑暗的深处藏一丝光明的种子，为我点亮微弱的光，指引我们奋进的前路，照亮我们人生的路途，也为我们实现梦想的努力点起了一盏希望的灯盏，把梦想与现实一起照亮，在我们洒下的辛勤汗水里，让梦想终于成为现实。

4 社会的认同让吃亏不值一提

很多时候，在别人眼中的吃亏，能给自己带来机会，能让自己提高工作效率，还能让自己得到意外的收获，每每这时候，你不得不承认，得到别人的认同后，曾经的那些“吃亏”，现在想来，不值一提。

中国官场曾经盛传一首吃亏歌：《村官李天成》

当干部就应该能吃亏，能吃亏自然就少是非；
当干部就应该肯吃亏，肯吃亏自然就有权威；
当干部就应该常吃亏，常吃亏才能有所作为；
当干部就应该多吃亏，多吃亏才能有人跟随；
能吃亏、肯吃亏、不断吃亏，工作才能往前推；
常吃亏、多吃亏、一直吃亏，在人前你才好吐气扬眉；
吃亏吃亏能吃亏，莫计较多少赚与赔；
吃亏吃亏常吃亏，你永远不会把包袱背；
吃亏吃亏多吃亏，吃亏吃得众心归；
吃得你人格闪光辉！

吃亏歌中闪现出的共产党人博大无私的胸怀让人动容，但现实中贪腐盛行的现状却也不容否认。难道这首《吃亏歌》只不过是脱离现实的歌功颂德？村官张国忠的事迹足以让我们打消这种质疑。

山东省茌平县小杨屯村党总支书记张国忠，带领村民艰苦创业，使一个十年九涝的“要饭村”变成家家富裕的“全国文明村镇”，成为“鲁西北平原上一颗璀璨的明珠”。张国忠的成功经验之一，就是甘愿“吃亏”，由此，他被称为“吃亏书记”，并为村民所信服。

张国忠的“吃亏”，是为他人、为社会放弃或者牺牲自己的利益。他以这种“吃亏”精神做人、干事、为民服务，成大事为必然。

“吃亏”精神让人乐于奉献。乐于多失，甘愿少得；得也不喜，失也不忧；把个人名利得失看得很淡，全心全意奉献于社会和人民，这就是有“吃亏”精神的人的高尚品德。张国忠当书记几十年，南下北上为村里的事忙碌，没有让村里报销过一分路费；为搞试验请专家教授吃饭，没有报销过一分饭钱；为群众办了无数好事，没有吃过群众一次请。

“吃亏”精神让人甘于吃苦。小杨屯村地处鲁西平原，资源匮乏，土地贫瘠。要想甩掉贫困帽子，唯有比别人多吃苦，多流汗，这是张国忠恪守了几十年的信条。“吃亏”精神与“吃苦”精神是密切相关的，“吃亏”源于坚定的为人民服务的信念，“吃苦”则是搞好工作的信心和战胜困难的勇气的反映。在艰苦的条件面前，只有多吃苦，多流汗，才能获取丰收的果实。

“吃亏”精神让人真心为民。为了发展生产，凡是风险大的项目，张国忠都是先在自家试验，成功了，他把技术传给群众；失败了，损失自负。张国忠把自己总结出来的一套“养鸭经”无偿传授给乡亲们，随后又组建小杨屯鸭业集团，形成从种鸭孵化到熟食加工的完整产业链条。2009 年，小杨屯村集体收入 1300 多万元，人均收入近 2 万元，还带动了周边上万农民从事鸭业养殖加工。张国忠的行为表明，凡有“吃亏”精神的人，都能主动为人民群众让利，为人民群众舍利，为人民群众谋利。

有“吃亏”精神的人潜心做事。要干出一番事业，造福人民群众，就要勇于做他人不想做的困难事、棘手事，敢于走别人不敢走的创业路、创新路，脚踏实地，真抓实干，不怕“吃苦”。张国忠经过几年的埋头苦干、反复试验，创造了十几种农作物的立体种植模式，被联合国粮农组织官员称为“平原农业立体开发的新模式”。

实践证明，甘于“吃亏”，潜心做事，就能干成事，干成大事。

努力工作，吃亏工作，看起来是自己吃了亏，但我们得到了别人的认同，获得了别人的尊重，就算我们的努力让我们什么也没有得到，仅仅是这种承认，也足以慰藉所有的辛苦和努力。

有一次，从欧洲来的几位客商乘泰国曼谷东方饭店的轿车前往旅店，但他们知道曼谷的交通要道时常出现塞车现象，因而对前来接待的饭店侍者说，他们要改乘小船，从湄南河口进东方饭店。此时，旅游船早已开走，再说饭店按客人原来的要求已在房间备好晚餐，现在这么一折腾，计划不仅打乱，接待人员还要晚下班。然而，侍者没有半句怨言，满脸笑容地带这几位客商到码头，出高价租了一只小船，送他们到饭店去，重备酒菜。欧洲客人对东方饭店的服务赞不绝口，逢人便夸饭店的管理一流。从此以后，成了这里的长住客人。

一家酒店设备用品公司和兰州一家酒店联系了一笔业务，该酒店要购买一套地毯清洗设备，价值 6000 多元。各项手续办好后，朱总把设备寄往兰州。但酒店收到设备后，称设备在运输途中损坏了，要求退货。公司的业务以理派人查看后得知，设备是在酒店组装时，操作不当而损坏的，维修费用约需 700 多元，酒店不愿承担才要求退货，公司没有任何责任，完全可以置之不理。但业务经理认为表示，“吃点小亏”无所谓，维修费用他来承担，并让人把设备修好，让客户满意。结果，前不久，该酒店要更新其他清洗设备，首先想到的就是甘愿“吃亏”的这位业务经理，一次性定了 7 万多元的货。

出了租金租了原来不在计划开支内的船；浪费了已经准备好了的饭菜；白白多出了 700 元的维修费，这些都是“吃亏”。本来不该自己拿出来的一部分，偏偏要拿出来，的确让人生气。但不论是酒店、还是卖清洗设备的公司，他们都没有因为吃了亏而放弃生意。相反是以更好的态度来对待别人。结果可想而知，他们获得的，是更多的利益。在这些利益面前，原来曾经吃过的亏，实在是太小付出。

职场行走牢记吃亏是福，让步、吃亏是一种必要的投资，是我们打造良好人际关系的必要前提。主动吃亏的人往往会为自己减少很多职场中的是非，一个懂得主动吃亏的人，往往会在吃亏中收获“厚积薄发”的资本；而一个不愿吃亏的人，往往会在斤斤计较中丧失更多走向成功的资源，因小失大。而且在很多时候，看起来不过是当时吃亏了，但过后一定会得到更多的人的认同，得到比以前更大的回报。那么，还有什么亏不亏的呢？

只要我们心正身正，努力奋进，即使是真的吃了亏，日久见人心，终有一天会得到别人的认同。我们也会在别人的认同下，让生命之花绽放得更加美丽！

5 努力工作成就卓越的自己

能吃亏是做人的一种境界，会吃亏是处世的一种睿智。吃亏决不亏，惜福才有福！所以，不要怕吃亏，要吃得起亏，才能大度自在，成就卓越的自己。

雷锋，这个世人皆知的名字。在他的短短的一生中，没有什么大的理想宣言，他的理想很简单——为人民服务。但这五个抽象的字，在很多人看来，不知从何做起，大的概念在小事上无法体现。然而就是这五个字，在雷锋的生活中，变得多姿多彩。

……如果你是一滴水，你是否滋润了一寸土地？如果你是一线阳光，你是否照亮了一分黑暗？如果你是一颗粮食，你是否哺育了有用的生命？如果你是一颗最小的螺丝钉，你是否永远守在你生活的岗位上？如果你要告诉我们什么思想，你是否在日夜宣扬那最美丽的理想？你既然活着，你又是否为了未来的人类生活付出你的劳动，使世界一天天变得更美丽？我想问你，为未来带来了什么？在生活的仓库里，我们不应该只是个无穷尽的支付者。人的生命是有限的，为人民服务是无限的。我要把有限的生命,投入到无限的为人民服务中去。

雷锋是这样说,也是这样做的。在他短短的二十二年生命中,他把所有的精力都放在了为人民服务上。在车上为老人孕妇让一回座;过马路扶一把残弱的人;为贫窘的人买一张车票,把自己饭菜让给他人,而自己在一旁吞咽着饥饿的口水……这些都是别人认为吃亏的小事,他却做得那么坦然,那么心安理得。他从来没有因为这是小事而不去做。

“不因善小而不为”。哪怕是一点点对别人的有益的事,也许这件事对自己的损害远远超过对别人的帮助。正是在这些“吃亏”的事情上,雷锋找到了自己的位置,实现了人生的价值。也正是经过这些“吃亏”的事情中,雷锋实现了他“为人民服务”的大梦想。他的光辉形象影响着一代又一代的人。

那么雷锋到底是吃亏了还是没有吃亏呢?答案不言自喻。所以,不要任何时候都不要怕吃亏,因为吃亏恰恰是成就最卓越的自己的途径。

1993年,杜承林大学毕业后便进入金鱼集团工作。在车间实习3个月后,天生喜欢挑战的杜承林便对这种两点一线的生活感到乏味。集团此时正在招聘营销人员。杜承林学的专业是高分子材料,与营销毫无关联。尽管如此,杜承林还是准备挑战一下自己。“当时的我是初生牛犊不怕虎,天不怕地不怕。”杜承林把即将成立的公司未来发展存在的问题,洋洋洒洒写成一篇“意见信”呈交给领导。说起信件的具体内容,杜承林不好意思地说:“其实也没提出什么明确的发展规划,只是豪言壮语地保证,如果自己来担任西南片区经理一职,一定会把公司办得蒸蒸日上。”不料,这个大胆的举动,却使他这名刚刚毕业的大学生给领导留下深刻印象。1994年,毫无营销经验的杜承林竟如愿以偿,被委任为四川片区经理。

来到成都后,摆在杜承林面前的局面是:公司产品前一年在四川地区的销售仅为1500多万元。在他手上,这几个抽象的阿拉伯数字必须要起变化,“要么翻番,要么缩水。”杜承林抱着破釜沉舟的决心,决定搏上一搏。一年后,他让这个销售数字奇迹般地变为3000多万元。

回忆当时在成都初涉营销的窘境，杜承林笑着说："当时除了我这名总经理，还有七八名'小兵'。"带着这支作战经验不足的小队伍，杜承林也不在意自己的总经理职位，每天像其他业务员一样，走到外面联系业务。"那时许多厂家还习惯坐在办公室等着生意上门，我们改变了守株待兔的工作模式，主动出去联系商家。"杜承林说："一年跑下来，磨破了几双鞋！"而他的付出换回的战果是，1995年，公司在四川地区的销售额达到了3000多万元！

面对成功，杜承林说："吃亏是福，做生意就得要有这种心境。如果只想着赚别人的钱，而没有为顾客着想的服务意识，那么你永远都不会成功。""你在帮助他人的同时，也在一步步成就自己。"

但很多员工没有想到这一点。"我是来工作的，不是来吃亏的。""这点钱，还想让我做那么多的事，我才不会干呢，我又不笨。""吃亏的事我是不会做的，拿一分钱，我就做一分钱的事，老板又不知道我多做了事情，不加工资。"工作中像这种想法人的不在少数。他们往往认为自己多做了一点事情都是吃亏，而这些事情是不会给自己带来任何好处的。所以在工作中，全然没有一个好的态度。

小王是一名普通的修理工，从进公司的第一天起，就对自己的工作不满意："修理这活儿太脏了，整天弄得一身油污，真烦！""凭我的本事，做修理这活简直是大材小用，做这个工作真是一点前途都没有。""哎呀，这日子什么时候是个头呀！""老板什么时候才会长眼睛，看清我这个人才重用我呀？"

小王不喜欢自己的工作，甚至瞧不起那些踏实工作的同事。认为他们没有远大的理想，没有奋斗的目标，所以工作中就更谈不上努力。他每天都在不切实际的幻想和抱怨中度过。于是，他开始在工作中偷懒耍滑、消极怠工，每天都是在勉强地应付差事，而且对任何一项工作都不上心，也没有一件事做得让上司满意。

与小王一同进公司的小李，从第一天进公司起，就认认真真的做好每一件事。不怕苦，不怕脏，什么事都抢着做。尽管小王每天在嘲笑他傻，笨。但是他都没有停止过努力。几年后，小李终于都凭着自己的努力，成为技术骨干，并得到升迁，而小王呢，依旧在原地踏步，没有一点点进步的迹象……

在老板看来，评价一名员工的优劣，主要看他对待工作的态度和业绩的多少。所以，只顾计较眼前的得失，生怕吃亏而在工作中消极怠工，最终只会让自己真正地“吃亏”。只有通过努力，在工作中发挥自己的才干，踏踏实实做好每一件事情，显示个人的职业潜力和价值，才能成为企业最受欢迎的人，才能一步步实现自己的梦想，走向成功。

吃亏是福，多做一点，会让你比别人多付出一些，但同样，你得到的回报也会比别人多一些，你会赢得良好的声誉，增加他人对你的信赖和关注。能打大算盘的人能看得远，不在乎眼前的吃亏，而打小算盘的人，只着眼于寸步之间。聪明人都知道，能吃亏是福，吃点小亏，可能会获得更多的利益。一位职场人士下面这番话，可能对人深有启发：

这回接的这单生意是一家酒厂。洽谈会上，我给小君打下手。酒厂的老板很抠门，要求很苛刻，把价钱压得非常低，我们几乎无利可图。一般情况下，我会跟他讨价还价，如果利润太少，我是不会答应的，因为成本太高，我要花费大量的时间和精力。这样，可能错过其他更好的生意。可是出乎意料的是，小君毫不犹豫地答应了。

我不解，问她。她却笑而不答，只是对我说：“明天开工，你来负责。”小君是领导，我只能照办。我足足花费了一个星期的时间为酒厂装饰会客厅。期间酒厂老总还让我返工了两次，直到他满意为止。最后算算成本，我们亏了。

酒厂老总结算费用那天，我闷闷不乐，心想公司老总知道赔钱了肯定会把我骂得狗血淋头。小君却很高兴，说请我吃烧烤。她说：“老雷，没事，亏就亏了，老总那里我跟他说，要是他扣你奖金，扣多少我补多少给你。”

月底发工资的时候，她果真把公司扣掉的奖金如数补给了我。我再三推辞，她却硬塞在我的手里。我说："那我请你吃烧烤吧，我不能欠你人情。"她乐呵呵地说："好！"烧烤摊上，我终于鼓起勇气问她："我们是同一年进公司的，你怎么升得这么快呢？"她哈哈大笑后，对我说："一个月后我告诉你。"

一个月后，小君没有告诉我，我却领悟到了。因为酒厂的老总给我打了电话，说让我再给他们厂装饰展览室，这次酒厂的老板很慷慨，出的价比想象的高很多，几乎把上次亏了的都补上了。月底发奖金，我的奖金头一次超过小君。小君笑嘻嘻地来找我，对我说："老雷，恭喜你啊。"我说："副经理，我知道你成功的秘诀了。"她拍了拍我的肩膀，笑得很灿烂。

后来，我跳槽到了另外的公司。没多久，我便升到了部门经理。妻子乐开了花，第一次慷慨地给我买了条领带。朋友们也替我高兴，纷纷"敲诈"我，让我请他们吃饭，让我给他们讲成功的秘诀。饭桌上，我对他们说："其实，这一切都要感谢小君，是她让我懂得了一个道理，有时，吃亏并不是一件坏事，吃一次亏，赢得的却是十次的机会。"

是的，当初和酒厂第一次合作，酒厂对我们公司的服务不了解，才将价格压得很低。小君没跟他们讨价还价，是吃了一次亏，但是她能看到，生意不是一次性的，生意是重复的。吃亏只是一次，换来的却是顾客永远的信任。

吃亏是一种投资，成功往往就隐藏在其中。看起来吃了亏，转眼却因为吃过的亏盈利的事情在我们生活中是常见的。不管是个人还是企业，要想成功，首先要做到不斤斤计较，能吃小亏。在吃小亏中努力，终有一天会成就大事业。

所以，别怕吃亏，别怕努力，吃亏是福，努力是福，终有一天，你会闻到因努力和吃亏而开出的芬芳的花朵，尝到因为吃亏和努力而结出的最甘甜的果实，看到因努力和吃亏而造就的最卓越的自己。

附　录

工作态度测试

以下是单项选择题，A代表“非常赞同”，B代表“比较赞同”，C代表“不太赞同”，D代表“不赞同”。

1. 如果要你在生活愉快和富有之间选择，你总是选择生活快乐，因为你认为它最重要。A、B、C、D

2. 如果某项工作非完成不可，你就会不管压力和困难有多大，都会努力去完成它。A、B、C、D

3. 成败论英雄有时确实存在。A、B、C、D

4. 你容不得他人或者自己犯错误，一旦犯了，你会严厉批评或惩罚。A、B、C、D

5. 你非常看重名誉。A、B、C、D

6. 你的适应能力非常强。A、B、C、D

7. 只要是你决心做的事情，就会坚持到底。A、B、C、D

8. 如果别人把你看成身负重任的人，你会感到很高兴。A、B、C、D

9. 你有一些高消费的嗜好，并且你有能力承受和乐意承受这份消费。A、B、C、D

10. 如果你知道某个项目会有好的结果，你就很小心地将时间和精力花在这个项目上。A、B、C、D

11.在一个团队里,你认为团队的成功比你个人成功更重要。A、B、C、D

12.你是一个认真的人,即使眼看赶不上进度了,你也不愿草率工作。A、B、C、D

13.能够正确地表达你的意思,你会很高兴,但你必须确定别人是否能正确了解你。A、B、C、D

14.你的工作情绪总是很高,精力充沛。A、B、C、D

15.你并不看重所谓的“金点子”,而更看重良好的判断和整体策划。A、B、C、D

评分标准

题号	答案及分值			
1	A:0	B:1	C:2	D:3
2	A:3	B:2	C:1	D:0
3	A:2	B:3	C:1	D:0
4	A:1	B:3	C:2	D:0
5	A:3	B:2	C:1	D:0
6	A:3	B:2	C:1	D:0
7	A:3	B:2	C:1	D:0
8	A:3	B:2	C:1	D:0
9	A:3	B:2	C:1	D:0
10	A:3	B:2	C:1	D:0
11	A:3	B:2	C:1	D:0
12	A:3	B:2	C:1	D:0
13	A:3	B:2	C:1	D:0
14	A:3	B:2	C:1	D:0
15	A:3	B:2	C:1	D:0

评价

总分为0～15分，说明你成就欲望不强，你更看重家庭生活的美满与精神生活的充实。

总分为16～30分，说明你成就欲望较强，在事业与家庭之间，你会权衡利弊后作决定。

总分为31～45分，说明你成就欲望强烈，对名利、金钱、权力很看重，野心勃勃。

开心时刻

幽默故事

妙索报酬

有一次，英国画家、雕塑家威廉·霍格思(1697—1764年)受命为一个其貌不扬的贵族画像。他坦率的写实笔调，使这个贵族看了很不满意，拒绝付款。霍格思据理力争，但没有结果。

霍格思由于缺钱用，最后还是给这个贵族写了一封信。信上说有一个专门展览野兽、畸形人和怪物的人，对这张画像很感兴趣，愿以高价收买。如果他3天之内收不到钱，他打算把这幅画像再润色一下，加上尾巴和其他器官，卖给那人去展览。

收到这封信后，那位贵族立即如数付了款，把画像拿回家烧了。

亚当和夏娃

英国大版画家、诗人威廉·布莱克(1757—1827年)一生制作了大量钢板插图，也创作过不少高水平的诗歌。尽管生前未被重视，但价值是不可低估的。像许多艺术家一样，他对艺术世界迷恋得近乎痴醉，常常沉湎其中而忘记了现实。

有一次，布莱克和他的妻子凯瑟琳模仿弥尔顿《失乐园》中所描绘的情景，一丝不挂地坐在他们的花园里，忘情地朗诵着《失乐园》里的诗句。

正在这时，有客人来访，布莱克毫不窘迫地对客人喊道：

“请进！这儿只有亚当和夏娃。”

图案设计在哪里

巴黎广告公司招聘美术设计师，要求应聘者寄上3件得意的近作：1

幅素描、1幅写生和1幅图案设计。

几天后，公司收到大雕塑家罗丹(1840—1917年)的应聘书，但里面只有1幅素描和1幅写生。怎么会缺一幅图案呢？大家纳闷起来。

就在这时，有人发现信封里面还有一张纸条，上面写着：

“我的图案设计是信封上的伪造邮票。”

倒过来试试看

有一天，一个初学绘画的人去拜访德国著名画家阿道夫·门采尔，向他诉苦说：“我真不明白，为什么我画一幅画只消一天工夫，可是卖掉它却要等上整整一年？”

阿道夫·门采尔听了说：“亲爱的，请倒过来试试，要是你能花一年工夫去画它，那么只用一天，就准能卖掉了。”

机智的回敬

在总统候选人的提名过程中，肯尼迪的年轻和孩子般的外表成了一个不折不扣的不利条件。众议院发言人萨姆·雷伯恩就是攻击肯尼迪乳臭未干的几个民主党领导人之一。肯尼迪哈哈一笑，把问题抛到一边。“萨姆·雷伯恩可能认为我年轻。不过对一位已是78岁的人来说，他眼中的大部分人都年轻。”

可是这个问题始终纠缠着肯尼迪。哈里·杜鲁门在一次全国性演讲中向肯尼迪挑战。“我们需要的是一个极其成熟的人。”这位前总统说。肯尼迪用逻辑和机智回敬了他的挑战。他说如果年龄一直被认为是一个标准的话，那么美国将放弃对44岁以下所有人的信任。这种排斥可能阻止杰斐逊起草独立宣言、华盛顿指挥独立战争中的美国军队、麦迪逊成为起草宪法的先驱、哥伦布去发现新大陆。